Master of Business Administration

COMMUNAL NEXUS Mgr

公關經理

菁英培訓版

成為公關經理人所必備的基礎知識

從容面對心態各異的大眾，在錯綜複雜的社會環境中處變不驚，
遊刃有餘地展開工作，是公關經理人應具備的心理素質。

★★★

讀品企研所 / 編譯

永續圖書線上購物網
讀品文化事業有限公司
www.foreverbooks.com.tw
yungjiuh@ms45.hinet.net

無限系列 05

公關經理「菁英培訓版」

編　　譯　讀品企研所
出 版 者　讀品文化事業有限公司
責任編輯　陳柏宇
封面設計　姚恩涵
內文排版　王國卿

總 經 銷　永續圖書有限公司
TEL／(02)86473663
FAX／(02)86473660
劃撥帳號　18669219
地　　址　22103 新北市汐止區大同路三段 194 號 9 樓之 1
TEL／(02)86473663
FAX／(02)86473660
出 版 日　2018 年 07 月

法律顧問　方圓法律事務所　涂成樞律師
CVS 代理　美璟文化有限公司
TEL／(02)27239968
FAX／(02)27239668

國家圖書館出版品預行編目資料

公關經理「菁英培訓版」／讀品企研所編譯.
--初版. --新北市：讀品文化, 民 107.07
面；公分. --（無限系列：05）
菁英培訓版
ISBN 978-986-453-077-9 (平裝)
1. 經理人　2. 企業領導
494.23　107007950

前言

公關是現代公司首腦的重要工作。現代不斷變化的國際環境，以及人們對國家經濟增長和大公司作用的新期望，將使得公關工作在今後的組織管理中發揮越來越大的作用。

良好的公關活動是現代公司發展壯大的重要保障。一個公司的生存和發展，靠它員工的忠誠和熱情支持、管理層人員的集體努力、在消費者中建立和發展起來的信譽，以及對政府的影響等。

良好的公關活動更是市場營銷活動的有益補充，因為它能幫助公司及其產品和服務與消費者建立重要的關係，運用於公關活動中的傳播技巧，同樣適用於市場營銷中的傳播活動。

作為現代公司，公關就是文化，公關就是戰略。沒有公關就沒有品牌，不會公關就不能生存。因此作為現代公司的公關經理，對公司發展起著十分重要的作用，現代公關經理應注重公關能力與技籲的學習與培養，不斷培養先進的公關意識，這本書要給你的，就是你必備的能力與素質。

本書特色：

一、淡化理論和公式，注重實用技巧

內文具有務實性、實踐性和操作性。本書目的並不在於培養「學院派」的經營管理者，而是培養能學以致用，崇尚踏實，真正能在工商經濟領域領導一個企業或其他組織機構的中高層經營管理者。秉持這種精神，本書沒有大量深奧的理論和複雜的公式，而是講述典型案例和實用技巧。

書中要講述的主要內容是真正的「管理」，而不是「管理學」；在分析研究案例的基礎上，找到普遍性的規律，以得到概念、原理和問題的解決，它的目的不是培養知識型的「管理碩士」，而是注重造就「職業老闆」。

在講述方法和理論的時候，力求精、透，而不追求面面俱到。

二、通俗易懂，可讀性強

書中儘量避免用那些比較專業和不容易理解的詞語；在選用案例的時候，也儘可能地用故事性代替專業性，用簡短、淺顯但典型的案例代替冗長、複雜甚至晦澀的案例。

這是一本幫你成為高級公關經理的實用參考書。書中闡述的精華要點，是成為公關經理高手所必備的基礎知識。它既是社會各界掌握工商管理高級技能的通俗性文章，又是攻讀的輔助性教材，同時也是的簡明自修讀本。

必須強調：一個合格稱職的人才絕不該只會死讀書本知識，而是應該在實踐中提高運用理論知識獨立分析和解決問題的能力。

第二章　實施成功、有效的對內公關

第三章　全方位整合公關：增強公司競爭力

第四章　媒體管道決定公關成敗

第六章　突破公關技巧，掌握變革

青英培訓版

MEMO

第一章

公關意識與能力是經理人的必備特質

第一節

做一個有非凡魅力的公關人

一、公關意識是現代經理人必備的素質

公關和策略設計是現代公司的兩項重要工作。美國的一項調查證實，公關活動是他們的重要工作之一，佔據著他們的大量時間。

現在歐洲絕大多數都為自己的公司設立公關部門，而且他們還會時常倚賴外在顧問公司的力量。

美國八十五%的公司擁有自己的公關部門或外聘的公關人員。整個美國擁有的公關人員已達數十萬之多。此外還有一千五百餘家公關專業諮詢公司。公司在公關領域裡的大量投資使之能較早知道市場各項訊息，以及早做出正確的決策。

在美國，公關具有悠久的歷史，近年更取得大幅的進步，創造的產值遙居世界之

首。公關公司的機構規模不大，辦事效率卻極高，對樹立公司品牌，與用戶乃至社會各界大眾的聯繫，促進產品銷售，增進公司整體經濟效益和社會效益，發揮著不容低估的重要作用。

在工商界，公關活動已成為一項重要的促銷途徑，並取得不少成功經驗。大多數大公司現在都已認識到公關的價值。所有全球性的公關公司，都以每年二十%～二十五%的速度成長。

公關是組織管理的組成部分，它主要是對公司的各種重要關係進行管理，如公司與政府、媒體、社區及其他特殊團體的關係，這些團體還包括員工和其公會等組織。其目的包括建立和維繫各種重要關係，研究和預測它們的發展趨勢，以及可能會出現對公司具破壞性影響的問題或事件；採取應變措施以最大限度減少那些問題或事件對公司的不利影響。

良好的公關活動對市場行銷有極大的幫助，因為它能幫助公司及其產品與服務和消費者建立重要的關係，運用於公關活動中的傳播技巧，同樣適用於市場中的行銷活動。

各方的良好關係是公司的一個重要資源。一個公司的生存和發展，靠它員工的忠誠和熱情支持、管理層的努力、在消費者中建立和發展起來的信譽，以及對社會的影響等。

在發展這些關係的過程中，如果忽視這些關係會對公司產生影響，而在那些影響產生實際效果時才給予重視，那麼這些關係的發展最終往往會令公司和員工都不甚滿意。一個忽視員工關係的公司，久而久之會發現，員工的不滿情緒導致了生產率下降，人們對公司及其目標不再那麼忠誠。

公關也是對公司各種重要關係進行有意識地管理，它是現代管理的重要組成部分，也是公司生存和競爭的需要。因此作為現代的公關經理，強烈的且不斷創新的公關意識已經是必備的要素質。公關是武器，公關是文化，公關是策略。沒有公關就沒有品牌，不擅公關就無法生存。

現代公關經理人，樹立公關意識是社會發展的必然要求。當今社會，世界經濟正從產品的品質、價格的競爭進入公司品牌與服務競爭的時代，經濟文化一致性的特點越來越明顯，公關在經濟社會生活各個方面已經越來越顯得重要。這裡需要指出一點，那就是無論選擇何種方式，公關都是公司高層管理人員所承擔的眾多責任中的一個部分。

有規劃發展方向的責任，有確保公司人力、物力、財力資源，以使其在競爭環境中實現自身目標的責任，還有公關的責任，這種責任是確保公司所依賴的各種關係能得到良好地發展和維繫。

實際上，公關工作對說明組織實現目標、利用機會和避免出問題有著十分重要的作用。衡量公關活動支出費用的價值應看公關工作對實現公司重要目標有何貢獻，或它在多大程度上幫助公司排除干擾以完成既定目標。當然，公關的最大貢獻在於提高公司高層決策的品質，和改進公司與其各類大眾已有關係的品質。

通常，評估公關活動和公關人員所提供服務的價值，可透過審視公司與對外的關係狀態來評估，例如：一個有意識地展開公關活動的公司，能否更好地使大眾接受和理解其目標並加以實現？能否最大限度地減弱政府干預的影響？在媒體上是否能提高品牌知名度？股東是否被及時告知有關訊息並對其有信任感？與有關的利益團體是否瞭解和尊重它的立場、觀點，即使它們未必完全贊同？它是否對大眾利益負責並有責任感等等。

經過調查研究，我們可以對上述這些問題做出回答，並從中反觀公司在涉及社區、政府、媒體或投資者等關係上的具體公關活動的效果。

在掌握充足資料的前提下，我們可根據每一項公關活動的特定目標，來對其效果進行評估。如對某一項在提高公司知名度的公關活動的效果評估，最簡單的做法就是審視其媒體報導覆蓋面。但實際上大多數公關活動的目標往往比這複雜得多，它們還涉及影響大眾態度或修正公司行為等，這就需要使用更為精細的評估方法，自然費用也會增加。總之，公關活動的效果是可以評估的。一個稱職的公關諮詢人員會指出評估的必要性及作用，設計出評估的方法，並確定評估的費用。

公關活動和其他管理領域內的活動一樣都需要評估，因為它能衡量人們在這方面所投入的費用和時間，究竟產生了多大的效果，取得了哪些成績。

現代商業社會的複雜性，不斷變化的國際環境，以及人們對國家經濟增長和公司運作的新期望，將使得公關工作在今後的公司管理中發揮越來越大的作用。

高層管理人員要想對公司進行有效的管理，就必須認真研究公司行為對員工及其他大眾的影響。

二、公關經理必備的現代公關魅力與特徵

研究者點出現代公關魅力的關鍵特點：

☑自信

有公關魅力的領導者對他們自己的判斷和能力有充分的信心。

☑遠見

有理想的目標，堅信未來一定比現在更加美好。理想目標與現狀的差距越大，下屬就越認為領導有遠見卓識。

☑清楚的表達能力

他們能夠清晰陳述目標，以便使所有的人都能夠明白。這種清晰的目標成為下屬的需求，並成為一種長期的激勵因素。

☑對目標的堅定信念

有公關魅力的領導者有強烈的奉獻精神，願意從事高挑戰性的工作，承受風險。為了目標能夠自我犧牲。

☑不循規蹈矩

有公關魅力的領導者的行為被認為是異數、反傳統的。當獲得成功之後，這些行為將獲得下屬的崇敬。

☑作為變革的代言人

他們被認為是激進變革的代言人而不是傳統現狀的衛道人士。

☑對環境的高度敏感性

有公關魅力的領導者，能夠對需要進行變革的環境和資源進行切實可行的評估。

並且大多數的學者專家認為經過公關培訓，能夠獲得一定的公關魅力。

研究者使商學院的在校大學生成功地「扮演」了有公關魅力的人物。他們指導學生清晰地表達一個遠大的目標，向下屬傳達高業績的期望，對下屬能夠實現目標有信心，重視下屬的需求，同時訓練學生表現出有力、自信和品牌形象，以及富有魅力的語調。

為了進一步獲得公關魅力的特徵，他們還練習使用公關魅力的非語言特徵。他們坐在自己的辦公桌前，或者在桌邊漫步；身體前傾向著對方，保持直接的目光接觸；以及呈現放鬆的姿態和生動的臉部表情。

結果是明顯的，這些領導者的下屬比沒有公關魅力的下屬表現出更高的工作業績和對工作更好的適應性。

三、公關意識的培養是現代公關經理人的必修課程

所謂的公關意識，即公關哲學或公關思想，它是說公司以何種態度對待大眾和公關，以及公司是否具有現代的經營意識、大眾意識。

它是公關活動的本質和在公司領導者頭腦中的動能反應，一旦形成就成為支配人們行為的內在力量。可見，公關在公司發展過程中起著至關重要的作用。

現代公關經理應具備的公關意識主要有哪些？

☑溝通意識

與大眾在訊息、觀念與情感等方面的溝通是公關經理人的基本工作內容。因此，公關經理人應當具備強烈的溝通意識，具體表現在兩方面，其一在與外界的交往中，要有不失時機、恰到好處地傳遞公司訊息、宣傳公司品牌的強烈願望。

其二要有高度的職業敏感性和準確的判斷力，對與公司有關的訊息表現出濃厚的興趣，隨時加以搜集。

☑互惠意識

任何公司都有自身利益，這種利益有時會與大眾利益發生衝突。公關經理人必須具備這樣一種行為意識，在任何情況下都把大眾利益擺在首位，在維護公司利益的同時不能損害大眾的利益。

☑公司品牌意識

在日常工作中，公關經理人應當具備這種行為意識，即緊緊圍繞塑造和傳播公司品牌這一核心目標，隨時檢查、規範和約束自己的言行舉止，及時發現和抓住有利時機，在大眾中樹立良好的公司品牌。

☑長遠意識

公關經理人的工作目標是樹立良好的公司品牌。公司良好品牌的形成需要長期的累積，而品牌的維護更是一個長期過程，所以公關經理人必須具有長遠意識。長遠意識包含兩層意思：

一是公關經理人對公關工作必須常年堅持不懈。

二是公關經理人應當立足長遠，不能急功近利，為眼前利益犧牲未來利益。

☑危機意識

公司在經營發展的過程中不會一帆風順，風險和狀況會隨時出現。這是不容迴避的現實問題。在市場競爭中，危機不可避免，它的突發性、災難性猶如天災，往往會不期而至，關鍵在於公司公關經理人依據現行的法規、政策，適時地把握時機，做出相應的技術處理。

公關經理人要面對現實，樹立強烈的危機意識，在危機出現之前密切監視環境變化，注意發現潛伏的可能造成危機的因素，防患於未然，把危機解決在發生初期。有時拒絕出席一個應該出席的會議，怠慢了一位新聞記者，都可能釀成危機事件。有的公司只因一篇失真的報導頃刻破產倒閉。

在危機發生之後，公關經理人必須能夠及時果斷、準確地判斷危機，並能採取靈活多變的對應策略，既不能小題大做，也不能放任不管。公司公關經理人不僅要成為危機的「消防員」，更應成為控制危機的「預警者」。

☑創新意識

公關經理人的生命力在於創新。它是在特定背景條件下和特定事件中，由特定公司和大眾參與的活動，因此任何成功的公關模式都有極強的針對性，盲目照著別人的做法肯定要失敗。

公關經理人工作中的各個要素都處在不斷變化中，過去適用的模式現在未必適用，昨天成功的做法今天不一定成功，因此必須不斷探索和尋找新的模式和做法。為此要求公關經理人必須具有創新意識。

公司領導者應具有公關意識，應當扭轉公關只是服務行業的觀念。因為公關是一種公關哲學與藝術，它更適用於公司公關與發展。

四、排除錯誤公關意識

遺憾的是，公關的真正作用和重要性至今仍然被絕大多數公司（包括許多市場佔有率高的公司）所忽視。與廣告相比，銷售部門的品牌經理則似乎更關心這樣的問題：「你花了××萬，能幫我得到多少的訂單？」

我們看到，在那些急於擴大知名度的公司裡，公關經理們往往忙於拉攏新聞記者，增加曝光率，越多越好。其公關代理機構則疲於應付這種壓力，過度地陷入了一種「發稿機器」的低層面運作狀態。

產品和服務品質尚未達到一流的公司，往往比處於一流的競爭對手（通常是一些國際企業）更迫切地希望讓大眾知道自己的存在。這無可厚非，但問題是如何讓品質與知名度成正比？

理論上這正是公關最能夠顯示自己優勢的時候，但是大多數公司卻往往在這時候選擇「以我為主」，而非廣開言路採納代理合作夥伴的建議。專業公關機構通常會提出全套的宣傳活動計劃，但公司卻不願意為某一次或某幾次市場活動去花「有限的預算」。因此在公關上要注意以下的問題：

(1)認為公司公關可有可無。

(2)認為公關就是接待、祕書，公關行政。實際公關應該是熟悉公司，瞭解行業發展，把握社會發展的現代化公司公關人才。

(3)公關，只花錢，不賺錢。成功的公司公關既能賺錢，而且能為公司增值。

(4)公關就是包裝。其實公關是以事實為依據的，不能改變事實。

(5)公關就是媒體關係。實際上媒體關係只是公關的一種策略手段。

(6)對媒體投入了，就應該有報導，否則就不算成功。這種觀點在很多公司的公關人員當中是很普遍的。但事實上新聞報導應該以事實為基礎，以新聞價值為依據。

(7)認為公關是公關部門的工作。公關並不意味著孤軍奮戰，公關部需要全公司的協助。

(8)認為公關就是宣傳。

(9)廣告比公關更加有效。

只有排除這些錯誤的認識，才能樹立更加牢固的全新公關理念，為公司的公關把握好方向。

第二節 良好的素質是優秀公關經理必備的特質

一、良好的素質是現代公關經理人成功的基礎

現代公關經理人必須具備一定的素質。這裡，我們所說的公關主要包括心理素質和能力素質。首先，看一下心理素質對現代公關經理人提出了什麼樣的要求。

要從容面對心態各異的大眾，在錯綜複雜的社會環境中處變不驚，遊刃有餘地展開工作，公關經理人應具備的心理素質主要有以下幾方面：

☑較完善的人格

公關經理人的工作其實就是「做人」的工作，因此公關經理人自身人格的完善是做好工作的前提條件。

完善的人格表現為：

◆有敏銳準確的觀察力。
◆對自己和生活有正確的態度。
◆有很強的包容力。
◆尊重他人，能正確對待別人的批評和讚揚。
◆不嫉妒他人的成功，不譏笑別人的失敗。

☑較強的角色轉換和換位思考能力

在公關活動中，公關經理人面對公司內外環境，往往要扮演多種不同角色，因此必須具備較強的角色轉換能力，否則無法適應工作的要求。另一方面，要想取得大眾對公司行為的理解，公司首先必須理解大眾，這就要求公關經理人學會換位思考，站在大眾的立場上來觀察公司行為，感受他們的認識、情緒，以此來調整自己的工作。

☑外鬆內緊的防衛心理

人類的心理防衛圈有兩層，一層為外圈，一層為內圈。依據內外圈的厚薄程度不同，可以將人分為兩種類型：一種外圈厚而內圈薄，外圈厚是指不願意也不善於和陌生人交往，內圈薄是指對較為熟悉的人心理防衛很降低，可以無話不談。

另一種則外圈薄而內圈厚實，外圈薄是指樂於也善於和各式各樣的人包括陌生人交往，內圈厚則是指內心深處防護很緊，不輕易向別人顯示。從公關工作的特點和要求來看，顯然公關經理人的心理防衛圈應該是外薄內厚。

☑富有使命感和同情心

公關經理人的工作關係著公司的生存和發展，責任重大。公關經理人的工作大多是無形和繁瑣的，需要付出艱苦的勞動，這種勞動往往很難量化和考核，因此必須具有高度的使命感和責任心，自我約束、自我加壓、自我進取，否則是無法做好工作的。

另外，公關經理人還應該富有同情心，樂於幫助和關心別人，只有這樣才容易與大眾實現溝通，取得大眾的信任，完成公司賦予的使命。

二、能力素質是現代公關經理致勝的武器

能力是指能夠影響人的行為有效性的心理因素。這項因素決定了一個人能否有效的使自己的行為達到預定的目的，因此它的重要性是顯而易見的。現代公司的公關經理人必須具備一定的組織能力、交際能力、表達能力、應變能力、創新能力、分析判斷能力和用人能力。

☑組織能力

組織能力是指策劃、指揮、安排、調度的能力，包括把若干的個人組織成一個可靠的團體，實現團體目標的決策，領導下屬完成既定任務，接受委託完成某項活動的展開等。工作過程中的傳播訊息，整理資料，編輯出版刊物，來賓接待，以及舉辦各種紀念會、慶典、記者招待會、聯誼會、展覽會等，都需要周密地策劃、精心地安排和認真地組織。

實踐中，公關經理人除做好創作、設計等技術性工作外，大量的工作屬於組織性工作。做好組織工作是首要的事情。組織工作是把決策目標、各項任務落實的關鍵環節。如果只有美好的設想、激動人心的計劃方案，而缺乏強有力的組織執行，那只是紙上談兵。因此，公關經理人既要有多謀善斷的思想水準，又要有高效卓越的組織才能。

☑交際能力

公關工作為公司的經營發展創造良好的環境，其中就包括良好的人際關係環境。在一定程度上，人際關係環境的好壞直接影響著公司的經營與發展。公關經理人的社交活動是為創造良好的人際關係環境服務的。

公關經理人如果缺乏社交能力，與他人及社會格格不入，就等於劃地自限，在自己與社會和他人之間築起一道無形的屏障，這樣的人是不適合做公關工作的。

公司公關經理人的社交能力主要表現在：

(1)有開朗的個性，熱情奔放的情緒，和藹可親的待人態度與人交往使對方產生信任感、安全感，不用蔑視、懷疑、敵視的眼光看待所接觸的人，儘管那些人的某些行為並不令人滿意。

(2)要善於廣泛交往，不僅要保持與朋友的聯繫，而且要不斷結交新朋友，善於和社會各界、各種層次的人士交往，有些人將來很可能成為公司的客戶，直接或間接地給公司幫助。

(3)掌握談話藝術，善於誘發和傾聽他人的談話，正確的、錯誤的、甚至是敵對的意見也要平心靜氣地仔細聽，在感情衝動時能夠控制自己的情緒。

(4)要熟悉並能靈活地運用各種場合的社交禮儀、方法，善於應酬各種局面和各種人物，能出色地完成交際任務，成為公司組織溝通各方面的橋梁。

☑表達能力

表達能力是所有公關人員必須具備的重要能力之一。這是因為公關工作在傳播溝通的過程中與他人交往，與公司聯絡，首要的問題是如何把自己要說的話、要做的事情表達清楚，讓對方聽明白。公關經理人的表達能力主要包括文字、語言、形體三個方面。

文字表達，是透過文字表現思想意念。有不少公關專家認為，寫作能力是公關人員最重要的技能。公關人員要進行書面傳播訊息，需要撰寫大量的文字資料，例如撰寫新聞稿、報告書、產品介紹、演講稿、公文稿，甚至召開酒會時也需要公關人員撰寫一份得體的祝賀詞。因此，公關經理人必須掌握一定的寫作知識，具有熟練的文字技巧，雖然不一定要求精通寫作，成為「作家」，但應掌握寫作的基本要領。

語言表達，是透過演講、談話來傳達思想、溝通訊息。公關經理人需要經常出席演講會、座談會，參加商務談判等，代表公司介紹本公司情況，闡述觀點，解釋政策等。這些場合都要求公關經理人思維敏捷，反應迅速，口齒伶俐，能言善辯。公關經理人要達到談吐得體，贏得他人的好感，需要經過一定的訓練，掌握必要的語言藝術。

演講、談判、交談是公關經理人語言表達的三大基本功。形體表達，是無聲的語言，透過動作、肢態、表情向大眾傳遞訊息，運用得好，可以表達內涵豐富的思想感情，還能夠做到語言表達所不足的地方。公關經理人要進行必要的形體表達訓練，養成良好的習慣，出入各種公關場合做到舉止端莊，體態大方，服裝得體，言行合宜。

較好的表達能力，不僅能準確、全面地表達意圖和感情，而且能給人一種良好的印象，增強公關工作的能力。

☑應變能力

公司在經營發展中時常會遇到客觀環境的突然變化，或內部出現突如其來的矛盾和狀況，公關經理人必須具有應付各種情況變化的心理準備和實際能力。當突發事件出現時，公關經理人要有隨機應變的能力，迅速採取措施控制事態，控制輿論，防止歪曲事實真相，引起大眾恐慌不安。

在日常工作中遇到臨時性問題，不能手足無措，要冷靜思考，處之泰然，有能力協調好各種關係，化解因為誤解而產生的矛盾。公關經理人較強的應變能力還表現在掌握機動靈活的方法技巧上。做好公關工作，不僅需要原則性，而且需要靈活性，思維方式要靈活，態度要有彈性。

在分析處理問題時，要善於從不同的角度去分析和設想；工作方法也要靈活，且不可死板呆滯。在處理問題時，要善於迂迴，能屈能伸，達到既定的目標。在解決矛盾衝突問題時，要善於使用自然、輕鬆、富有幽默感的方式，來解除尷尬，緩和氣氛。

掌握機動靈活的方法技巧，是順利展開公關工作的必要手段，也是提高應變能力的重要途徑，公司公關經理人應當有意識地鍛鍊提高自己這方面的能力。

☑創新能力

公關經理人要適應瞬息萬變的社會環境和市場形勢，不僅要具備開拓進取的創新意識，而且也要具備不斷創新的能力。在形勢發生變化的時候，公關經理人不能消極等待，必須靠自己的智慧和創造力，立即採取相應的行動。就是在形勢比較穩定的情況下，公關經理人也不能固步自封，滿足現狀，而應當保持強烈的好奇心和求知欲，學習新知識，探求新的工作領域。

在現代市場競爭中，品牌競爭是公司經營公關發展的趨勢。在塑造成功的公司品牌的過程中，公關經理人處於關鍵的地位。如果缺乏開拓進取的創新意識，面對緊迫的形勢而視若無睹，身處競爭的漩渦而漫不經心，必然導致公司信譽下降，失去競爭能力。

☑分析判斷能力

具備分析判斷能力是公關經理人發現和把握公關機會，防止危機事件產生和擴大的基本前提。公關經理人的分析判斷能力表現在三個方面：

一是透過觀察能夠及時發現事物的某種變化或差異。

二是能夠從公關角度對這種變化或差異進行分析，認識它們產生的原因。

三是能夠從公關角度判斷這種變化或差異將會給公司形象帶來什麼樣的影響。

☑用人能力

公關經理人只有掌握了淵博的知識，累積豐富的經驗，具有專門的技術，才可以被稱之為這一行業的專家。作為一名公關者，公關經理人還必須具備用人的能力，要會用人，敢用人，才能確保本部門的生機與活力，提高自己的工作效率。

公關經理人的用人能力主要表現在重視被用者的能力、用人所長和用人唯賢三個方面。

(1)重視被用者的能力。公關經理人在任用公關工作人員時，要注重能力，選用確實具有優良素質和卓越才能的人。要從社會的範圍發現和錄用在某一方面有專長或特殊才能、將來能夠適應公關工作需要的人，不能把眼光僅侷限於本部門或本公司內部。要有明確的選拔標準，招賢納士，唯我所用。

(2)用人所長。金無足金，人無完人，公關經理人要把著眼點放在他人的長處上，看重他人在某一方面的專長或特殊才能，這種人可能會有些缺點，但在將來的公關工作中很可能會發揮特殊的作用。世界上根本就不存在「完美無缺」的人。公關公司裡既需要全面發展的「通才」，也需要具有特殊能力和技巧的「怪才」。不論選用哪種公關人才，公關經理人都應該取人之長，忍人之短，讓下屬職員有充分施展其專業才能的空間。

(3)用人唯賢。公關經理人任用公關工作人員時，要用人唯賢，精於高效。同時也要因事配人，人盡其才。

在人員配置上要持慎重態度，要堅持按需設崗、以崗選人、嚴格考核、用人唯賢的原則。按需設崗，是根據公司組織的規模大小和公關工作的具體任務來確定設多少工作，每個工作設多少職位。

以工作內容選人，是根據各工作的性質和工作特點來選擇能夠勝任的人員。嚴格考核，以招聘的方式選人，他人推薦和自我推薦的方法固然重要，但更要重視公開、統一的面試和筆試。公關是市場行銷重要工作。一些專家經過估算得出結論，平均來看，如果在公關和廣告上投入同等開支，前者的宣傳效果將是後者的五倍。

三、公關經理的素質是個人魅力的來源

根據心理學的分析，魅力的養成有兩個方面：

☑找出共同點

當交往中的兩個人越來越多地感受到了彼此的雷同性，從而在對方身上看到了與自己越來越多的共同點，就會產生一種引為同類的深刻感受。這可以使一方在對待對方時如同對待自己一樣，從而溝通的障礙消失了，無論談論什麼或做什麼，雙方都較少有不協調的感覺，那種「道不同，不相與為謀」的內心緊張就會消除，交往與溝通將由此變得非常順利。

哲學家萊布尼茲說過，世界上沒有兩片完全相同的樹葉，我們也不會在世上找到與自己完全相同的他人。人與人之間總是存在差異的，即存在著性格、氣質、價值觀念、文化和受教育水準等方面的差異。人與人之間產生衝突、排斥、分歧是自然的。

同樣的道理，一個人也不可能對別人天生具有魅力，如果在人際關係中存在著相互之間的排斥，那無非是人與人之間差異的反映。這就要找出共同點，開放溝通，擴大相同面，縮小分歧點，努力加深彼此的關係。建立合宜的人際關係，目的就是要透過加深彼此的關係，消除相互的排斥、厭惡、不信任，這就涉及到了第二點。

☑認知協調

心理學家海德認為，如果兩個人對同一事物的看法、態度不同，就會影響他們的關係。交往關係的深入，要求雙方在對待事物的態度與看法上能相互協調，以建立一種平衡狀態。如果存在失衡，就會產生混亂與緊張，尤其當兩個人中每一方的看法都與對方不一致時，這種不一致將使他們之間的關係陷於困境。

在現實生活中，人際關係不良，相互的爭吵或爭執，大都是彼此責怪對方根本不理解自己所造成的。能協調雙方彼此認知的關鍵，是能以「反以知彼，複以知己」的「互換角色」，站在對方的立場上進行思考，以一種「假如我是對方」態度，相互認知。在心理學上，將此稱作「形成同感」。

「同感」一詞來自德語Einfulifl g，其含義是「感覺相同」，即意味著「用別人的眼光看世界」。透過同感，人們把自己和對方融合在一起，從而可以從勝利者那裡得到鼓舞，也可以從失敗者那裡體會到煩惱。同感是一個公關經理人必須具備的素質之一，它能把公關人才心中的想像變為現實。

美國玫琳凱化妝品公司的創辦人瑪麗凱主張公關經理人在與人交往，與下屬相對時，必須先想一下：「假如我是對方，我希望得到什麼樣的態度與方式？」她認為：「經過這樣的思考之後，通常再複雜的問題也能迅速得到解決。」這是因為，一旦你能站到對方的立場上，你就實際上找到了一種看待問題的不同角度，從而使你對問題的瞭解、對癥結之所在的判斷就不再受自己成見所影響，最初憑一己之見解決不了的問題可能會以一種新面貌出現，再要解決也許就不難了。

實際上形成同感既能造成認知協調，也能擴大人們之間的共同點，在人際交往中它是非常重要的，為此，人們一般也把這種同感原則稱為「公關準則」，以強調它對一個人的人生及人際交往的重要性。形成這一原則的歷史非常悠久，孔子就曾說過：「己所不欲，勿施於人。」

從交際實踐上講，透過人自身的努力去克服人際差異，尋找與對方的共同點，將產生人際吸引，形成一個人的人格魅力。人與人之間最容易找到共同點的地方就是心靈空間，法國作家雨果說過：「比陸地更廣闊的是大海，比大海更廣闊的是天空，而比天空更廣闊的則是人的心靈。」實踐公關準則既是品德修養之道，又是人際交往之道。其方式其實非常簡單，就是「將心比心」，透過認識與體察自己去認識和體察別人。

我們對自己瞭解得越細微，體察得越深刻，就越能更好地認識他人一言一行背後的含義與動機，由此也就能更方便、更協調地與他人交往，更準確有效地對對方的言行舉止做出分析、判斷與回應。由此看來，要建立良好的人際關係，培養自己的人格魅力，其實並不困難。

對於公關經理來說，很容易因為工作繁忙而忽視自己的部屬。當公務、目標這些東西佔用了公關經理人的大部分精力時，他們會認為談什麼公關準則、將心比心皆於事無補。但是，應當認識到，如果公關經理人不能深知民心、體察民情，或者雖有此心意卻不善於把它表現出來，其他人才就感受不到公關經理對他們的關心、重視與尊重，公關經理人也就不會對他們有什麼吸引力。在這種情況下，很難使人們參與到公司發展的策略與計劃中。

在領導過程中實踐公關準則，提升領導魅力，需要注意以下幾點：

⑴應具有理想精神。領導魅力不同於一般人際交往中的魅力，這是因為這種魅力或吸引力是由領導者所散發出的。透過這種魅力，領導者把大家吸引到自己的策略與計劃、理想與目標中來。而人們之所以能全力奉獻，並不因為他是領導者，只是因為領導者勾勒的這一理想本身具有吸引力。僅僅憑人際關係，僅僅憑領導者的地位權力，是做不到這一點的。

⑵要深切瞭解別人的需要，瞭解他們真正關心什麼。人與人的交往是人滿足自己內在需要的基本方式。人的需要可以分為物質的、生理的、安全的、精神的、社會的需要，如歸屬感、受到尊重以及成就感。因此，公關經理人應能為員工提供職業安全

感和工作滿意感，以及提供一種符合員工個人專長和人生目標的發展前景，使員工能對公司產生認同，感到作為公司團體的一份子是有意義的。

(3)要做一個民主、開放的公關經理人。公司是所有員工的生計、前途與希望所在，和公司有關的事就必定與員工有關。這意味著公司具有家庭的功能，公司領導者就如同父親一樣。因此，公關經理人在對公司事務制定決策時，聽取員工意見，為他們提供參與決策的機會，這既是表示對員工的尊重，也是在尋求員工的支持。

公關經理人應認識到，並非只有他們才關心公司的發展，才有能力規劃公司的未來，對公司事務才有發言權，公司的未來和員工的未來也是息息相關的。

公關經理人應向員工提供他們參與決策所需的訊息，並且對員工的意見與反映做出及時回應。總之，要儘可能地讓員工多知道公司內外都在發生些什麼事，「最好讓員工知道公司的重大決策，千萬不要把他們蒙在鼓裡。」

四、未來公關經理人必備的公關要領

在日益競爭激烈的社會裡，對公關經理的素質要求愈來愈高。未來的公關經理人既不是單純的技術專家，也不只是精通領導藝術的公關專家。他們不僅要勝任已有成效的公關工作，還要有力地領導自己的團隊在同心協力完成既定目標的同時，時刻準備迎接新的挑戰。未來公關經理人應具備的十種關鍵公關素質是：

☑指揮官

越來越多的實踐表明：公司需要的是能控制局面的領軍人物——能夠像指揮官一般控制整個會議、不論有多大困難和障礙都能達到目的的人。做生意就像是打仗，而作為公關經理，最好是作戰指揮官，任何複雜的情況下都要保持凝聚力和戰鬥力。

☑胸懷坦蕩

不斤斤計較個人得失，能諒人之短，補人之過。善於傾聽不同的意見，集思廣益。善用一種對別人包容和關懷的公關方式。對集體取得的業績看得比個人的榮譽和地位更重要。

☑團隊組建、信念的傳播能力

公關不是個人，而是團隊。未來的公司更需要團隊組建者和信念的傳播者，即能夠與員工建立良好關係，向員工灌輸公司忠誠理念的人。

☑感染力和凝聚力

能用言傳身教或已有的業績，在公關中不斷增加感染力、凝聚力的人。這種人在組織決策和對內對外的公關中，把信任不是建立在地位所帶來的權威之上，而是靠自身的感染力來影響大家，堅定人們的信念。

☑有夢想

能夠對領導階層提出的眾多議題，提出自己新穎的思想、建設性的意見或建議，把握好前進的方向，不斷培養自己帶領大家超越現況、想得更遠。

☑同情心

在對內公關中，不能只靠行政命令去強制人們的意志，而要努力去瞭解別人，並學會尊重別人的感情。選擇人們普遍接受和認可的方式，讓一顆博大的仁愛之心贏得眾人的支持。

☑預知能力

技術和全球化要求人們在工作中擁有新技術、新能力和新的做事方式，以應付市場的瞬息萬變。這就需要公關經理人有創新精神和策略預知能力，公關也同樣如此。

☑調解能力

對於一個公關經理人來說，當公司出現內部意見不和或與外界有不良的互動時，要有協調、解決的能力，做出最完美的決策。

☑致力培養員工的成長

努力培養員工的公關能力，不只是讓員工感受到上司的器重，而更重要的是無形中提升了公司的內在價值，實現了個人、集體提升共榮的價值觀。

☑最後還應注意領導公關能力的九項自然法則：

(1)一個領導者要有心甘情願的追隨者。

(2)領導能力是一個相互作用的活動範圍——是領導者與追隨者之間的互動關係。

(3)領導能力隨著事件發生而產生。

(4)領導者們不是依仗職權施加影響。

(5)領導者們在組織體制所規定的程式之外工作。

(6)領導能力伴隨著風險和不確定性。

(7)不是每一個人都願意追隨領導者的主動性的。

(8)意識訊息的處理能力，產生領導能力。

(9)領導行為是一種自我安排的過程。領導者和追隨者從他們各自主觀的內在框架中處理訊息。

第三節 優秀的公關人才是公司財富增長的源泉

人，是公司發展的根本，也是公關的根本。只要有了一批具有現代公關意識的公關人才，公司才能實施有效的公關策略。

一、現代公司需要什麼樣的公關人才

☑公司發言人

公司需要自己的發言人，並透過發言人對外發佈訊息，傳播公司品牌形象。發言人制度是當今世界許多大公司推行的一種基本的訊息發佈制度，這一制度體現的公開性和透明性，在促進公司由傳統封閉型經營方式向現代開放式經營模式的轉變過程中具有重要意義。可以說，公司發言人是公司與新聞媒體及社會大眾的媒介，是公司公關部門的核心人物，也是公司的高級公關人才，他們受公司委託，來向大眾表達公司對某些事情的意見與主張，透過發言人可以及時穩定地向大眾和媒體發佈公司發展的各種訊息，吸引媒體關注，保持公司聲譽。透過發言人可以更好地與顧客溝通，使顧客產生信任感，讓顧客瞭解公司，支持公司。

作為公司發言人要有良好的綜合素質，發言人要氣質涵養好，儀表品貌佳，交際能力強，敏捷善言有口才，知識淵博有思想，沉著冷靜善應付。專家認為，一個成功的公司發言人，不僅要精通新聞業務，還要具有公關學、市場行銷學、社會學等多方面的知識，而出色的口才，得體的禮儀和優秀的應變能力更是不可缺少的。

☑危機公關人才

招募專職的危機公關人才或者聘請公關公司的危機公關專家作為自己的參謀是很普遍的事。俗話說：「不怕一萬，只怕萬一」，公司在進行正常的生產和經營中，某種事故、意外、災難的發生，總是在所難免，它的突發性、災難性，往往是無預警的。這種危機尤其以工商公司居多，如近年來常發生的消費糾紛，對公司來說，都是一場危機。在這緊急關頭，危機公關人就顯得尤為重要。如能臨危不亂，處理得宜，便可化險為夷，危機轉為契機也不是不可能的事，公司還可得到更多消費者的信任和支援。

危機公關人才可謂「臨危受命」，要在短時間內渡過「品牌危機」，並維護、導正、重塑公司品牌。這要求從事危機公關的人員，必須具備下列素質和能力：

首先，反應要敏捷。要在危機發生的第一時刻做出反應，趕赴現場，迅速瞭解事件的來龍去脈，找出根源，分清責任及其承擔者，確保公司對危機事件的立場在第一次報導中得到準確描述。

其次，應具有良好的分析判斷和處理能力。危機發生後，透過深入分析大眾心理和公司所處的特定環境，對危機進行準確定性，採取相應的對策。公關人員在對危機進行補救時，須站在客觀、公正的立場上，找出問題癥結之所在，運用有效的手段，對症下藥，爭取多方支援，並根據品牌受損的內容和程度，展開彌補品牌缺陷的公關活動，重塑公司品牌。

再次，善於與媒體打交道。危機發生後，往往會成為大眾關注的焦點，媒體也會對事件進行報導，使公司面臨一個負面的輿論環境。危機公關人員需積極地配合媒體的工作，真實、客觀及時地提供給他們所需的訊息，保證公司與大眾之間訊息傳播的及時暢通，引導大眾，使各種不利的傳聞、臆測、流言等不攻自破。後面我們還會用一節的內容來講危機公關的問題。

☑代言人

找明星當產品或品牌的代言人，在現今是一種風潮。但已經有人嫌棄用真人當代言人太過千篇一律，利用虛擬的人物代言也開始流行。

☑公關諮詢人員

公關諮詢人員應視為管理諮詢者，因為他們提供的服務旨在協助解決組織的管理問題、積極有效地利用管理機制幫助公司更好地運作。

尋求公關諮詢意見意味著公司高層管理人員要任命內部重要人員，或與外界顧問簽訂合約。這一切涉及對有關人員資歷和經驗的審查，以及對他們能力認可的過程。如果是與諮詢公司打交道，公司高層管理人員往往還需要聽取諮詢公司人員對它們自身信譽、能力，以及關於具體公關項目的建議的正式介紹，但這種介紹很可能只是一種表面和戲劇化的「推銷表演」，它會對發展客戶與諮詢公司之間的良好關係產生某種阻礙作用。

公關人員提供的服務究竟有多大的價值？

英國公關顧問協會在克蘭菲德管理學院的協助下，曾研究了這個問題。而尋求運用合適的方法來衡量公關的價值，得出了這樣一個嚴酷的結論，即公關工作的價值是難以測量的。

有些公關人員認為，公關工作是一種非量化的服務，對於這種服務，人們無法採用其他管理工作中經常使用的測量技術來對其價值進行衡量。他們還認為，公關是一種創造性的工作，因而其作用是無法衡量的。

他們這些觀點的依據是，公關工作所面對的問題和機會，並不像其他管理工作那樣從一開始就那麼明確。公關人員解決「組織內部交流問題」或「組織市場品牌問題」，要比其他管理人員解決一個生產過程中的難題更難找到現成的答案。

另外，人們有時也很難看清楚，公關人員所提出的一些公關工作建議究竟對組織有多大的益處。這是因為公關不是一門關係分明的精密的科學。

公關工作的這種非精密性特點在其他管理工作中同樣也存在。多年來，人們已認識到管理人員制定決策，其依據是可獲得的訊息，因而有時的決策並不一定就是可能存在的最佳決策。

公關工作中，人們選擇的行動方案往往是一些「最佳猜測」，它們的有效程式通常可經過調查研究以提高目標達成率。調查研究可以幫助公司澄清面對的問題、明確要達到的目標和達到這些目標的現實途徑。

出色的公關人員能夠憑藉自己的判斷、經驗、能力和調查研究所獲得的訊息，做出準確的「最佳猜測」，並將它們付諸實施。

二、公關人才需要什麼樣的公關特質

公關人才對於公司如此需要，那麼公司所渴求的公關人才，到底應該具備哪些特質呢？下面有十二條建議：

☑反應能力

思路敏捷是處理事情成功必備的要素，一個能將交易處理成功的人必須反應敏捷。一件事情的處理往往需要洞察先機，在時機的掌握上必須快人一步，如此才能促使事情成功，因為時機一過就無法挽回。

☑談吐應對

談吐應對可以反映出一個人的學識和修養。好的知識和修養，必須經過長時間的磨練和不間斷的自我充實，才能獲得良好的功效。

☑身體狀況

身體健康的人做起事來精神煥發、活力充沛，對前途樂觀進取，並能負擔起較重的責任，而不致因體力不濟而功敗垂成。我們經常可以看到這樣的情況，在一件事情的處理過程中，越是能夠堅持到最後一刻的人，才越是有機會成功的人。

☑團隊精神

要想做好一件事情，絕不能一意孤行，更不能以個人利益為前提，而必須經過不斷地協調、溝通、商議、集合眾志成城的力量，以整體利益為出發點才能做出為大眾所接受並進一步支持的決定。

☑領導才能

公司需要各種不同的公關人才為其工作，但在選擇公關人才時，必須要求其具備領導組織能力。

某些技術方面的專才，雖然能夠在其技術領域內充分發揮，卻並不一定完全適合擔任主管的職位，所以公司對公關人才的選用必須從基層開始培養幹部，經過各種磨煉，逐步由中階層邁向高階層，使其適得其位，一展其才。

☑敬業樂群

一個有抱負的人必定具有高度敬業樂群的精神，對工作的意願是樂觀開朗、積極進取，並願意花費較多時間在工作上，具有百折不撓的毅力和恆心。

一般而言，人與人的智能相差無幾，其差別取決於對事情的負責態度和勇於將事情做好的精神，尤其是遇到挫折時能不屈不撓繼續奮鬥，不到成功絕不甘休的決心。

☑創新觀念

公司的成長和發展主要在於不斷地創新。科技的進步是日新月異的，商場的競爭更是瞬息萬變，停留現狀就是落伍。

一切事物的推動必以人為主體，人的新穎觀念才是致勝之道，而只有接受新觀念和新思潮才能促成進一步的發展。

☑求知慾望

為學之道不進則退，公司的成員需要不斷地充實自己，力求突破，瞭解更新、更現代化的知識，而不能自滿，墨守成規，不再做進一步展開，因而阻礙公司成長的腳步。

☑對人的態度

一件事情成功的關鍵，主要取決於辦事者待人處事的態度。對人態度必須誠懇、和藹可親，運用循循善誘的高度說服能力，以贏得別人的共鳴，才較容易促使事情成功。

☑操守把持

一個人再有學識，再有能力，倘若在品行操守上不能把持住分寸，則極有可能會對公司造成莫大的損害。所以，公司在選擇公關人才時必須格外謹慎，避免任用那些利用個人權力營私貪污者，以免假公濟私的貪贓枉法者危害到公司的成長，甚至造成無法彌補的損失。

☑生活習慣

從一個人的生活習慣，可以初步瞭解其個人未來的發展，因為生活習慣正常而有規律，才是一個有原則、有抱負、腳踏實地、實事求是的人。所以一個人生活習慣的點點滴滴，可以觀察到他未到的發展。

☑適應環境

公司在選擇公關人才時，必須注重人員適應環境的能力，避免選用個性極端的人，因為這種個性的人較難與人和睦相處，往往還會擾亂工作場所的氣氛。

另外，一個人初到一個公司，開始時必然感到陌生。如何能在最短時間內瞭解公司的工作環境，並能愉快地與大家相處在一起的人，才是公司期望的人員。反之，處處與人格格不入，或堅持自我本位的人，都可能擾亂整體前進的腳步，造成個人有志難伸、公司前途難展的困境。

第四節 掌握公關法則，做個有權威的公關經理

一、公關法則的影響力

所謂公關法則，是指公司經理人在公關中所要遵循的一系列原則和方法。

強生是一位經驗豐富的領導者，經營一家電器商場，為了獎勵他的推銷員們為公司所做的努力，他決定讓他們享受一次價格不菲的加勒比海旅遊。

他為他的公司近來的良好業績而自豪。他也很高興自己是一個體貼周到的老闆，這樣慷慨的特別獎勵完全出自他的一番好意。在一次員工會議上，他向大家宣佈了這次旅遊的事：

「各位！我這裡有一件能讓公司所有人都高興的事。在過去的這一年裡，公司員工們都取得了非常大的成績，所以我為公司所有員工們和家眷，安排了一個四天的旅

遊作為獎勵。時間距現在還有一個月，定在十月十一日，地點是加勒比海，整個行程將有豐盛的佳餚、刺激的夜生活、瘋狂的購物和海灘及陽光。

強生一臉笑意，這時有意停頓下來，希望能看到他預期中的熱烈反應和掌聲。但情況卻截然不同，大多數的人都在竊竊私語、交頭接耳，只有幾位勉強擠出笑容，甚至還有一些人皺著眉。

不久，有一個人站起來提出，旅遊的時間正好是他兒子的足球隊參加地區冠軍比賽的日期，時間上有了衝突。還有一位銷售員說，她的父親正是病危的時候，恐怕時日已不多，這個時候無心去旅遊。其他的人對這件事的熱情或排斥的程度也不盡相同。強生面對這種始料不及的場面無言以對。

會後，他把其中的一個他最瞭解的銷售員叫到一旁，問道：「怎麼回事？我用心良苦，打算花上我本來沒必要花的錢安排公司去旅遊、渡假，怎麼竟成了這種結果？公司大部份的人全都以一種奇怪的態度來對我。怎麼會這樣呢？我對此完全困惑不解。」

這位銷售員解釋說，大家都非常欣賞強生的這個方案，確實是對他的誠意毫不懷疑的。但是，事先調查一下大多數人在那個時間段裡是否有空、他們是否喜歡團體旅遊這種方式。

「強生」他繼續說道，「我們大家確實都很欣賞你。你是個了不起的老闆。但我們與老闆並不一樣。你比我們年長幾歲，孩子們都已長大，所以老闆的空閒時間很充裕。而我們則不同。除此之外，老闆有點專好熱鬧的傾向，而且喜歡飲酒、跳舞和熬夜。這很好，但並不是人人都能做到像你一樣。」

強生說：「所以我才使自己盡力對大家好一點，不是嗎了？」

「這一點是有目共睹的。善待公司員工是非常重要的，但公司經理人還要記住一點，那就是我們這些人並不是一個模子裡刻出來的。讓大家免費去旅行是個很不錯的想法，但還要注意到我們個人的情況和興趣彼此有別，不能一視同仁。這一點在長期的工作實踐中就更顯其重要。」

「好吧」強生歎了口氣，說：「我明白公司員工的意思。但是從前怎麼就沒人告訴過我呢？」

如果強生懂得運用「公關法則」，那他就知道怎樣做才最妥當了。也不會先入為主地告訴員工們他們將要去哪兒，以及他們怎樣尋歡作樂，他會聽聽別人的意見。如果他能夠與他們主動接洽，以求找到最好的方案，那麼他可能已做到了花多少錢恐怕也買不到的提高團隊士氣的目的，員工們會覺得他們是被尊重。

「公關法則」是提供給領導者們的一劑良藥，無論是他們的公司還是他們本人都會從中受益。嘗試變得順遂一些，將有助於經理人和公司監管者與員工之間建立溝通的管道，讓後者實實在在感受到自己的價值。透過掌握那些能迎合他們的興趣、關注他們所關心的問題、瞭解他們的長處與弱點的技巧，公司經理人會從他們身上收到遠大於公司經理人付出的回報。

二、對不同個性的員工靈活運用公關法則

公關法則是指人們在公司對內對外的公關實踐中總結出來的經驗法則。公關經理只有遵循公關法則才能有效的執行公關活動。但是對「公關法則」的原則和重要性公司經理人已經有所瞭解。

與員工們打交道時，公司經理人怎麼靈活運用它呢？可以透過以下幾種典型的管理情況而對這一問題做出解釋。我們把員工分成四種類型：指導者、社會活動者、親善者和智覺者，對於不同的性格要採取不同的公關法則。

☑執行

情況：公司經理人在競爭非常激烈的零售業。

公司經理人不得不告訴公司員工們，下個月產品的價格必須提高百分之十。這些銷售人員的業績均繫於銷售額上。他們對提高價格後的市場行情並不抱樂觀的態度。但關於提高價格的策略已由公司高層做出了最後的決定，公司經理人的工作就是責無旁貸地執行，而不是爭辯。

☑褒揚

情況：公司經理人是一位部門主管，公司的老闆告訴公司經理人，現在員工的士氣和精神有頹廢的跡象。他責成公司經理人採取一些積極的措施來調整。

公司經理人很清楚，公司的員工哪種個性類型的都有，每種類型的人都有各自不同的動機和需求。公司經理人誇讚了其中一些人，則可能會對另一些人造成不公平，甚至會造成某種程度的傷害。公司經理人怎樣做才能使公司的員工各得其所，不至於厚此薄彼呢？

(1)對那些善於指導的人要列舉他們取得的成績，可能還要把他們做過的各項工作按職位高低列出來。要對他們的敬業精神、他們的講求效率、他們敢做決斷的態度進行褒獎。告訴他們，公司經理人對他們的執著和鍥而不捨的工作精神是讚賞的。

(2)而那些在公司比較活躍的，對他們的想法、創造性要表現出由衷的敬意。

告訴他們，他們是如何受到所有人的愛戴和敬重，他們天生就有一種特別的與人親善的魅力，而且他們善於說服和勸導的能力是值得肯定的。公司經理人可以提醒他，他是辦公室裡能給大家都帶來歡樂的人，而且還是一個熱情誠摯的人。

(3)對於比較親近的員工則要強調他們的易於相處與合作的精神。還要強調，他們一直受到別人的高度敬重，不只是一個生產者，而且還是一個友善的合作者，是辦公室和工作團體裡不可或缺的人。要對他們的善於處理人際關係的技能給予表揚。告訴他們，公司敬重他們能與所有人打成一片的能力，讚賞他們的善於傾聽。

告訴他們，他們的表現是非常得體的。要向他們經常解釋，公司逐漸已形成對他們的信賴，因為他們的工作品質值得肯定，而且他們從不挑釁生事，不會讓人操心。「如果員工們都像他們一樣，工作就好辦多了！」

公司經理人要自己親自提到這一點，而不必考慮自己的部門主管的身份，對親善者要予以肯定。

(4)而那些善於動腦筋的人，對他們的工作品質、他們的盡心盡責、他們的一絲不苟和他們的辦事能力要極力頌揚。告訴他們，公司經理人對他們的嚴謹和有條不紊，以及他們總能把一切安排得井然有序的作風感到欣慰。

「我也很敬重經理人的悟性和恆心。一旦經理人確認了一個目標，就會像一位不屈不撓的勇士，不管一路上有多少艱難險阻都無法阻擋公司經理人邁向目標的步伐。我很清楚一點，那就是不管交給公司經理人什麼事，公司經理人都能把它圓滿地完成。」

總之，對於不同的人要進行不同的褒揚，才能取得良好的效果。

☑勸導

情況：公司四個員工最近以來好像都有點不對勁，都是委靡不振。他們變得比平時顯得鬱鬱寡歡和沒有鬥志。

公司經理人猜想他們可能在工作上或家裡碰到了什麼麻煩。如果這四個人分別屬於四種不同的個性類型，公司經理人會採取哪種最適當的辦法來解決這個問題呢？

(1)要用事實說話。要多與他們談論他們所希望看到的結果，而不是去分析這件事的來龍去脈。

下一步公司經理人們可以討論他們所牽掛的事，但中心要圍繞工作而談，不能圍繞感情糾葛而談。公司經理人可以直接去問他們，這件事如何解決才好。

「公司經理人告訴我，認為處理這件事的最好的辦法是什麼？我知道公司經理人很想能最大限度地發揮本身的作用。公司經理人就是這種人，是執行者而不是空談的人。我們都希望公司經理人能妥善處理好這件事情。至於如何著手，公司經理人現在有什麼具體的建議嗎？」

(2)請給他們足夠的時間。他們可能不希望直接面對這件棘手的事。

「公司經理人一向都是樂觀開朗的。公司經理人的這種特點是個性中的長處之一。但是，最近一段時間以來，公司經理人看起來不像公司經理人自己了。我只想讓公司經理人明白，公司經理人完全可以信賴我，無論什麼時候。我們兩個人一直交情不錯。我想說，在必要時不妨聽一聽別人的意見，這也是人際關係中一個很重要的方面。」

在社會活動者最後陷入進退兩難的境地時，他可能會選擇走一條謹慎的和迂迴曲折的路。公司經理人需要仔細聽他們陳述事實和情感糾葛，隨時提一些補充性的問題，這才可能抓住事情的核心。

多數情況下，社會活動者僅僅是需要排遣一下胸中的鬱悶，所以洗耳恭聽常常是最簡單的解決問題的方法。

(3)需要有充足的時間，探討和瞭解他們的感情所繫和明白他們在情感方面的問題。公司經理人需要透過問一些溫和的問題，用專注的聆聽來把他們引入正途。要創造一個沒有壓力的環境。「公司經理人和我已經彼此瞭解很長的時間，我們在一起打拼已非一朝一夕了。我希望公司經理人明白，拋開我們各自的身份不談，我所以來此就是有些意見想與公司經理人交換。如果有什麼問題，公司經理人知道我們將會一起合力解決它，對嗎？不管它可能是什麼樣的問題。」

(4)告訴他們，公司經理人很想知道他們碰到了哪些麻煩事，還可以問他們一些問題，這將有助於公司經理人掌握正確的情況，從中經理人也會看到他們對此事有多大程度的瞭解。

公司經理人可以草擬一個處理此事的程式，「我們應該每週抽出一兩個小時碰個面來討論這件事情——就經理人和我。如果這樣還不足以使公司經理人的問題得到解決，我會為公司經理人透過另外一個管道——可能是在員工會議時，或如果公司經理人喜歡的話，在公司以外的什麼地方——召集一次會議。我的觀點是，公司經理人大可以不必為這件事大傷腦筋。公司經理人有很多不同的選擇，就看公司經理人能不能仔細琢磨它們。如果這些仍無法解決公司經理人的問題，那麼公司經理人就需要有所改變了，到時我們再想一想有什麼另外的辦法。」

☑修正

情況：公司經理人所經管的財務部最近以來差錯不斷。公司方面不斷收到顧客的投訴，他們抱怨說填寫帳目這種事現在變得特別麻煩，甚至同一項的工作有時卻要他們填兩次表。公司老闆表示，這種情況必須解決。公司經理人怎麼才能提醒員工在這件事上更專心一些，而又不致惹來別的什麼麻煩呢？

(1)要向他們強調解決這個問題的重要性，讓他們儘可能想出一些解決的辦法。給他們規定一些時間，之後要向公司經理人彙報改進工作的進展情況。

「我們的目標是從根本上解決填寫帳目不夠簡便的問題。如果別人能辦到這件事，我們也能。讓我們一起為此而努力，並且從現在就開始。」

(2)對他們不要失去原則，不能含糊不清。問題是什麼，需要什麼辦法解決，這些一定都要特別明確。只要員工能經常提出一些與公司經理人意見一致的改進方案，那就說明公司經理人們在互相溝通這一點上做得很不錯。

「在這件事上我絕對需要公司經理人的說明。我們如何妥善處理好這個問題。我們部門的名譽也正在接受檢驗。所以我們需要馬上拿出可行的改正方案。我會給公司員工一份備忘錄，那上面記著我們剛才談過的這些事，有些事下面都劃上了重點強調線。還有問題嗎？」

(3)對他們的行為表現而不是個性要多多關注。他們敏感而脆弱，所以公司經理人一定要向他們解釋，他們的人格是沒有任何問題的。

「我相信公司員工能理解顧客們的心情，本來已結算完帳單，但另一份報表上卻顯示沒有，而不得不重新查驗單據和收支紀錄，或者同一筆帳目需要同時填寫兩、三張單據，公司經理人也會覺得繁瑣不堪，莫明其妙，甚至是非常煩惱。我們都不希望給顧客添麻煩，那麼就請公司經理人說明我把這些程式錯誤改正過來。我們有好的員工，我相信我們也會成為一個好的工作團體。」

(4)哪件事情做得不對，公司經理人要精確地指出來，公司經理人希望透過哪些辦法、哪些途徑來改正它，並且要能很具體地說出來。

為公司經理人所期望的改進工作的時間規定一個最後的期限，達到這一步需要經過哪幾個階段。一週或兩週左右，公司經理人再召集一次會議，追蹤進度已進展到哪個階段，中間是否還需要做哪些調整、改進的工作。

「我們可能不會立竿見影地把這件事處理了，但無論如何，問題已不容再耽擱下去。我們現在應立即著手拿出一個正確的切實可行的解決方案。」

☑假手於人

情況：公司經過重組後，現在有兩個部門劃歸公司經理人管理，公司經理人的工作負荷因此而激增。公司經理人不得不超時工作，甚至到了難以置信的地步，但仍然不能保證把每件事都辦妥當。照這樣下去，公司經理人可能會因身心疲勞而垮掉。公司經理人不得不把一些工作任務委派給其他人去做。

然而，對於這種額外的工作，公司經理人卻拿不出額外的回報，比如升職或加薪給他。那公司經理人怎麼去做才能最大限度地減輕負擔，而又不使員工覺得公司經理人是在轉嫁責任給他們？

(1)把最後的底牌亮給他們看，讓他們明白公司經理人們現在的處境。

「情況是這樣的，公司重組後，我的工作量增加了四倍。我一個人不能做完這所有的事，我相信任何人都不能。但是如果我們的部門打算繼續在這家公司裡站穩腳跟，那麼這些工作都要完成。」

對我來講，求人是件很難的事。但我知道公司經理人是個熱心腸的人，有事業心，有不達目的絕不甘休的責任意識，每當緊急的時候，我總能指望得到公司經理人的幫助。我現在確實需要公司經理人再幫我一次，把眼前的局面控制住。」

要強調一點，即這額外的責任將有助於提高他們在別人心目中的地位和重要性。把有關數據、指標和完成期限告訴給他們，但要讓他們自己決定如何才能更好地完成這些額外的任務。只要讓他們不時把工作的進展情況報告給公司經理人即可。

(2)要向他們強調，完成這些新任務不僅會使公司經理人對他們另眼相看，更能引起其他人對他們的注意和認同。

「現在我們既沒錢，也沒有什麼名分給公司經理人，但我想公司經理人會因此而使自己在別人心目中更突出。另外，公司經理人是個精明、風趣的人，有著良好的交際能力，讓公司經理人參與更多的部門管理工作肯定不會觸犯眾怨，同樣的工作如果委派給別人則可能招致非議。」

但是公司經理人一定要確認一點，公司經理人們在這些新工作的性質和完成的方式上意見應是明確一致的。要經常檢查這些工作的完成情況，以免在他們向公司經理人面對面彙報進展情況之前拖上很長時間，至少要經常在電話裡對他們的工作進行評價和指正。

(3)以個人的名義對他們的盡心盡責和奉獻精神表示肯定。

在公司經理人向他們解釋這些額外的任務時，對需要做哪些事和如何很快地建立起一套辦事程式，以求最低限度地減輕額外的負擔。可以規定最後期限，對這些任務為什麼要以這樣一種明確的具體的方法來做要有所解釋。

(4)要把公司經理人為什麼需要把工作分一部分出去的原因解釋給他們聽。要列出公司重組後公司經理人的工作負擔加重的具體細節。要引用資料向他們表明，公司經理人自己現在的工作負荷已超出常人所能承受的限度。

「我知道公司經理人的工作負擔也很重，但是請相信我，如果我還可能有別的選擇，我絕不會讓公司經理人勉為其難的。公司經理人是非常理性、嚴謹、有條不紊的人，是一位非常出色的謀略者，我的結論是公司經理人完全有能力想出些好的辦法來做好這些額外的工作，而且，可能這些工作由公司經理人來做會比由辦公室裡的別人來做要少很多麻煩，可以做得更好。最重要的一點是，我知道這些工作最適合於公司經理人！」

要肯於花上點時間回答智覺者提出的有關問題，他們瞭解的細枝末節越多，這些工作的性質越明朗，智覺者就越有可能把這些額外的工作當成份內的事那樣去做，可能他們甚至會視之為又一個發展的機會。記住要規定最後期限和講清楚要有哪些約束。

☑開發潛能

除了運用「公關法則」來最大限度地發揮公司員工們的工作積極性之外，作為領導者，公司經理人必須還要反問自己一些問題：我現在的所作所為對他們有何助益？

為他們自己同時也是為公司的發展前途著想，我怎樣才能使他們在現有基礎上更能有提高效率？

說得簡單點，公司經理人還需要深入發掘公司員工們的潛力。公司經理人有責任幫助他們成為最出類拔萃的員工，甚至是人中之傑。

(1)如果公司經理人能給指導者充分的發展機會，那麼他們會是公司經理人最寶貴的財富。如果公司經理人一時不能與他們建立親密的關係——他們崇尚的是權威和結果，而不是熱心腸千萬不要因此灰心沮喪，視他們為冷血動物，與自己格格不入。盡公司經理人的所能讓他們放手去做自己的事情，他們會以極高的工作熱情和努力來回報公司經理人。

在訓練一個指導者時，他們不希望別人拿一些雞毛蒜皮的事來打擾他們。公司經理人要幫他們找到辦事捷徑和適應辦事程式，這樣他或她能更快和更有效地取得成效。

比如說，如果公司經理人正在教他們使用一台新電腦，公司經理人可能應這樣說：「取出檔案需要的五個基本步驟，公司經理人自己先試一下，然後再退出來。員工的悟性很好，所以他可能會想透過自己的摸索而把其餘的操作方法也掌握了。那好，這裡是電腦的說明書，可供你參考。如果還需要更多的說明，請告訴我。」

在任何情況下，公司經理人都要準備聽指導者們提一些自己的建議。比如，他們可能會想告訴公司經理人他們想到的方法和最有可能實現的結果。

在公司經理人提出一個不同的看法或動議時，一定要指出，公司經理人在盡最大努力照兩人都能接受的方式去做。「當公司經理人說打算在今天午後之前就把那個企劃案做完時，我就明白了公司經理人是什麼樣個性的人了。但是我知道公司經理人和我有一個共同點，那就是凡事求精而不單單只求快。草案四點半交給我，公司經理人覺得怎麼樣？那樣的話也容我有一些時間再好好想想這個事。如果一切順利，我們明天再把方案遞上去。這樣一來我們將不至於浪費太多的時間，但因為我們兩人都仔細研究過了這個方案，所以將能夠確保它可以達到我們都希望看到的結果。」

簡而言之，對指導者要真誠以待，把握權威要適度，這樣才能有效地與他們共事。但在他們的意識深處，他們更喜歡做公司經理人的同事或平等地位的人，而不是做副手。

如果公司經理人能做到，那麼就忘掉公司經理人們之間職位上的差別，對他們身上的優點與長處，衝勁十足、善做決斷和強烈的個性色彩——要看重和支持，還要盡力幫助他們朝下述方面努力：

◆在做判斷或下結論之前要更仔細、更有耐心。

◆認可別人的貢獻和作用，共同分享榮譽。

◆理解這些人為取得最後的成果所付出的努力。

(2)而對社會活動者需要時時督促。如果對他們的約束過於寬鬆，他們可能會誤事或流於淺薄低俗，不能做到善始善終，或對細節問題缺乏嚴謹認真的態度。但是如果公司經理人能透過巧妙的指點和隨時的幫助，給他們的熱情找到一條正確的管道，那社會活動者就會像個發明主意的機器，不斷發出奇思妙想，會對工作傾注難能可貴的熱情。

在教導社會活動者時，公司經理人可能將會發現他們在完全做好準備之前，就耐不住寂寞而蠢蠢欲動了。讓他們去表現。但要記住他們有喜歡別人誇獎的傾向。所以，在他們做錯事時，要幫他們顧及面子，他們取得成功時，則一定要為他們喝采，多說些讚揚的話。

公司經理人能為社會活動者辦到最好的一件事，可能就是說明他們學會分辨事情的輕重緩急。在他們發現自己正被各式各樣的機會所包圍時，他們會變得六神無主，不知所措。

公司經理人可以減輕他們的焦慮，辦法就是適當干涉和提供一些綱領性的意見，就像這樣：「星期一前我需要看史帝文森的報告。但是如果這樣就意味著推遲謝波德案子，那麼好吧，只要我在十七日之前能得到那份報告就行。你明白了嗎？」

社會活動者都是夢想家。他們看重的不是客觀事實或結果，而是主觀的理念。他們的想像力豐富，點子層出不窮，公司經理人的任務就是把他們的一些有創造性的想法變成實際行動。

還有一點，如果公司經理人能真正做到的話，也會有助於更大地發揮出他們的積極性，這就是要迎合社會活動者需要別人欣賞和認可的極其強烈的需求。這會使他們的工作進一步改進，並能使他們的士氣始終保持在較高的水準上。

透過下述努力，公司經理人能使他們獲得更大的發展：

◆確保這點，他們必須把工作做到最後。

◆規定辦事的最後期限，堅持必須保證這個期限。

◆讓他們把要做的事列出清單。

(3)公司經理人會喜歡親善者並發現他們是易於合作共事的人。但是對公司經理人最大的挑戰，就是如何讓他們不一味恪守本分，適當的時候也要適當地越過雷池幾步。他們不喜歡變革，常常堅持過時的做事方式。指導者和社會活動者有時能幫著他們找到一些辦事的捷徑，甚至一個指導者也能提出一些建議，如果他們被問及的話。

在訓練親善者進行工作時，公司經理人會發現他們更喜歡慢節奏的、隨時性的指導，更親近那些熱情的、有耐性的指導人。指導者或智覺者可能有一本說明書，或一些消化這些說明書的說明就心滿意足了，而親善者更願意身邊有一個實實在在的指導人，使他所邁出的每一步都是踏實的。在他們嘗試工作之前，他們可能會想先觀察別人較長一段時間。只有當他們的自信心完全建立起來時，他們才能穩穩當當地開始工作。

當公司經理人有機會誇獎親善者時，要儘量以個人身份和採取低調的方式，因為他們很不習慣在大庭廣眾之下接受表揚。要強調公司經理人是多麼欣賞他們為公司經理人和別人所付出的努力。

儘管他們常有一些想法，但親善者可能不太願意把它們提出來，因為他們不喜歡成為眾人矚目的中心。所以公司經理人可能應當先用類似下面這段話為他們導引：「請讓我知道你對那個正在醞釀之中的新的工資方案有什麼想法。它和以往有了點變化，我們希望在我們實施這一方案之前，人人都能完全瞭解它和接受它，每一個人都很重要的，凡在這種事上每個人都有自己的想法。」

在絕大多數情況下，指望親善者能多說，而不僅僅是多聽是有點勉為其難的。他們更指望公司經理人說得多一些。因為親善者追求的是辦事明確和按部就班，讓他們把要做的事編成細目或細分成幾個階段是個很不錯的辦法。

比如，當公司經理人把日程表上的每件事都完成時，公司經理人和他們可以進行雙向檢查，這樣公司經理人和他們雙方都能做到心中有數。「公司經理人去處理道布森帳目，而我和律師將對艾科姆案進行初審。公司經理人同意嗎？」

公司經理人能採取的其他一些有助於提高親善者辦事能力的做法是：

◆試著幫助他們改變自己習慣於照章辦事、別人怎麼說就依樣怎麼做的毛病。

◆讓他們感受到他們是受到人們真誠欣賞的。

◆讓他們學會接受榮譽和表彰。

(4)智覺者是四種個性類型的人中最複雜的一類人，他們常常也是最難以掌握和控制的人。但是只要公司經理人堅持不懈付出努力，那麼公司經理人不久就會發現公司經理人有了一位極富潛能和價值的員工，他們的勤勉認真和高品質的工作會把這種價值表現出來。

智覺者只想做出理性的合理的選擇，他們不會基於第六感覺或別人所說的或所想的就做出判斷。所以當他們說：「給我些時間好好研究一下這件事」，那可以肯定他絕不會有什麼差錯的舉動，一切都會在限度之內。

在與智覺者談話時，公司經理人必須要比與其他類型的人談話時更集中精力、更活躍、更熱心才行。他們很可能會向公司經理人提一堆問題，如果他們感覺到公司經理人只是應付他，沒有進行充分的準備，他們就可能失去對公司經理人的信任。

在公司經理人與他們交談時，一定要避免誇大其辭和含糊不清，因為他們常常會透過對公司經理人的這些話的剖析，確定公司經理人是否有認真的想法值得他去認真地考慮。如果公司經理人只是一味敷衍了事或倉促應付，那麼和他們要做到真正的溝通就會有很大的障礙。

他們對批評意見也是非常敏感的。所以要是公司經理人問一些與他們有關的問題，一定注意不要太直率和批評意味過濃，就像這樣：「山姆，你對湯普森企劃案的截止時間有什麼看法？是不是碰到了什麼特別的麻煩，可以讓我知道嗎？」這比簡單粗暴地問法：「湯姆森案子怎麼這麼久還沒做完」要好得多。

在訓練智覺者時，最好先把注意目標集中到最重要的一些事情上，然後按照有效率的合乎邏輯的方式推及其他。在整個過程中，公司經理人要適應他們的慢節奏，中間還要不時停下來，讓他們跟上隊伍，還要經常感覺他們是否能理解了公司經理人的意圖。

這主要是因為他們喜歡做事按部就班，循序漸進，所以，如果可能的話，要讓他們分幾個階段完成一項工作，但在每個階段要向公司經理人彙報進展情況。

以下是另外的一些可以對智覺者有幫助的做法：

◆溫和地請求他們把他們的學識和經驗與別人進行交流。

◆要確保他們的觀點也能代表那些他們不願與之為伍的人的意見。

◆讓他們把更多的時間花在關心別人上，花在把生活過得更有情趣的方面。

記住一點，最好的領導並不侷限於某一特定個性類型的人之中，或者甚至某些理想的混合類型的人也並不一定就會成為最好的領導者。最好的領導者只有那些懂得做好一件工作或完成一項任務需要有哪些條件，並能尋找和創造這些條件的人才能勝任。這如果以一句話來概括，就是要善於與別人維繫關係，具體地說就是要能與所有個性類型的人在任何場合、任何環境下打成一片。

事實上，每當公司進行重組，把新的強調重點放在有效率的工作團體的建設上時，那些熟諳個性類型知識的公司領導人就將找到左右逢源、遊刃有餘的感覺。有時他們可以本性面貌出現，發揮他們自身的長處，在另外的時候他們則可能選擇運用「公關法則」的原則去順應別人。或者，當他們感覺到有出現嚴重個性衝突的可能時，他們會希望挑一個第三者出來控制局面。

可供經理人選擇的另一個調整措施是改變工作環境——換言之，重新界定工作者的職責、重新認定主要目標、重新確定完成目標的截止期限，以求最大限度地發揮每一位員工的優勢。今天絕大多數的經理人，已經在靠命令是不能提高和長久保持生產力水準這一點上達成了共識。

舉個例子，我的一位朋友雇了一位非常典型的智覺者擔任會計人員。她非常勝任這份差事，但這位智覺者也要兼做一些接電話的事情，麻煩正是從這一點開始的。顧客對這位會計人員態度無禮的投訴很快一個接著一個。最後，這位老闆親自打電話進來，裝成一個普通的顧客，想驗證一下，結果是他也為她的生硬態度驚詫不已。

「我最反感的就是接顧客電話，」事後，這位記帳人勉強檢討自己，「他們打擾了我的正常工作。」儘管她是一位優秀的員工，但她卻不善於處理與客戶的關係。後來，老闆換了專人來接電話，這樣每個人都各得其所，老闆不再擔心影響生意，會計人員不再受打擾，客戶們也受到良好的服務。

在任何情況下，公司經理人都應對自己的個性類型和可能影響別人的地方有清楚的瞭解，這一點是使公司經理人成為一個好的老闆的前提。經常的情況是，那些對他們自己在工作場合中的個性表現深有研究的領導者，回到家裡和在社會環境中，也能把人際關係處理得很好。

無論在什麼情況下，公司經理人都能選擇讓員工的個性類型變得更有彈性，更合乎公司的需求。以下是教導一位經理人員如何做才能鈍悟或者說巧妙收斂自己的個性以順應別人的一些速成指南：

☑當公司經理人是一個指導者時……

要在心理牢記一點，別人和公司經理人一樣也有感情，公司經理人的為人嚴厲、似乎無所不知的性格會使員工們覺得難以適應，而且常常會因此而積怨。

要承認，人無完人，錯誤總要發生。要儘量克制自己的情緒，多一些同情和理解。經理人至少可以透過兩種途徑來激勵別人。一種是每當他們取得不錯的工作成績時就適時予以表揚。第二是下放許可權，而且是完全不再干涉，由他們自己去掌握。經理人可能會失去一些支配權，但正如失之東隅，收之桑榆，經理人會贏得大家的認同和親善，同時也可提高員工的辦事能力。

一定不能顯得太霸道和盛氣凌人。多徵求別人的意見，或者儘管這對一個經理人來講有些勉為其難，但是主動採取一些和善的舉動，絕對是正確的做法。

☑當公司經理人是一個社會活動者時……

員工不僅靠公司經理人出主意，他們更需要公司經理人的配合。所以任何會使公司經理人變得更有條理性的工作——像列計劃、分清主次目標——都會給公司經理人和員工帶來巨大的好處。

記住，最令人沮喪的事莫過於讓員工看到作為一位經理人在重大問題上缺乏主見。如果公司經理人不能獨當一面，如果經理人不能當機立斷做出果斷決定，如果經理人對新的「專門技能」一竅不通或缺乏敏感度，或者如果經理人不能做到言出必行，行必果，那麼指望公司員工們對經理人非常信任是不會現實的。即便不是有目的地去做這些事，他們也會表示失望。

還有一點，要時刻準備應付可能馬上就會發生的狀況。儘量事先充分準備，不可事到臨頭亂了方寸。另外，要學會分清事情的輕重緩急，合理分配時間，把善於處理人際關係的專長用於工作。

☑當公司經理人是一位親善者時……

公司經理人可能是一位受人愛戴的。經理人的追求目標應該是成為更有活力、有更高效率的，且仍然是受人敬重的。

學會富有韌性，可以多做一些事情，或不同性質的事情，而且要盡力在較短的時間內完成。如果公司經理人能變得更富銳氣和進取性，以及在涉及自己的思想和感情的事上更坦率、開放一些，那麼公司經理人一定會受益良多。不妨試著冒點風險，來點變化。

☑當公司經理人是一個智覺者時……

公司經理人的高標準是一把雙刃劍，員工崇敬公司經理人凡事求完美的個性風格，但常常會覺得與經理人有距離，因為他們從來無法讓公司經理人對他們的工作完全滿意。

公司經理人能做到的最好的一件事就是寬容，要降低批評強度，軟化批評內容，不管是口頭的還是正經的都不能例外，經理人有時看起來太嚴肅了。

每天花上五分鐘去散散步，再花上更多的時間和精力去試著與人打交道，要廣交朋友，不管是在餐廳，還是在工廠，都要與人友好地打招呼，以增加自身的親和力。掌握了這些方法，能迅速成為一個更敏銳和精明的經理人。

敏感和機智是管理者必備的兩種本事。如果正像有人說的那樣，機智是頭腦的雷達，那「公關法則」就是有不可替代的天線。

假如公司的銷售人員中四種個性類型的人都有，那麼對員工經理人會相應採取什麼樣的做法？

(1)指導者：要直截了當，開門見山，這是新的價格，這是為什麼提高價格的原因，這是對我們可能會造成的影響。因此，經理人可能會對他們說，「讓我們一起想想辦法來消除不良後果。」記住，指導者是有好爭辯傾向的人。經理人要把問題以及怎樣解決它的辦法講述清楚，而不必過多地在這種變化的必要性的論證問題上或可能會對「團體」有所影響的細枝末節問題上糾纏不清。

盡所能給指導者一些他們可以支配的許可權：比如一個調整的銷售目標，這會激勵他取得更大的成就。「公司經理人是聰明人，我不需要告訴公司經理人該怎麼做好他的工作。另外在這次提價是否是個好主意這一點上糾纏不清是不值得的，答案很簡單，決定已經做出了。現在，正是考驗我們的時候。」

要著重強調價格變化會使競爭格局發生改變。還要制定一項簡練的、切實可行的計劃，儘量不使經理人的競爭對手占得上風和先機。

(2)社會活動者：要向他解釋，提高價格可能會使產品的銷售變得更加困難，但這種困境也會使那些知難而上的人成為矚目的明星。

要提醒他們，他們都是最了不起的銷售員；可以列舉他們受到過的嘉獎和獲得過的成就，要不厭其煩地提到別人對他們工作的良好評價。

還要向他們解釋，如果他們能保持甚至提高其銷售成績，他們的地位和知名度將大大提高。「這是一個難得的良機，而不能算是什麼挫折。全公司人的都在盯著我們。這是我們出人頭地的機會。我們一定能把這件事做好！」

說服消費者認同他們的產品之所以貴一點是因為擁有更好的品質，對社會活動者來說是一種新的挑戰，要盡力使他們樂於接受這種挑戰，甚至還要為之興奮。要使他們明白，提高價格這簡單的小事並不足以影響這份了不起的職業本身的性質，那些聰明並才華橫溢的推銷員在付出不懈的努力的同時，仍然會從中享受到無窮的樂趣。

(3)親善者：他們的牴觸和猶豫不決是意料之中的，他們會拐彎抹角地問一些問題，就像：「……怎麼樣了？」或「是的，但如何……？」親善者對任何違反常規的做法都會顯得不積極，或者說是非常冷靜。但是經理人要盡力迎合他的感情，要態度溫和地和平靜地告訴親善者，提高價格是不得已的商業行為，要強調這種事絕不會影響經理人和大家都為之付出過心血的集體利益。

「我們公司所信奉的原則——這也是經理人的信條——是信任和可靠，而這一點是永遠也不會改變的。公司對這次提高價格預先做好了充分的準備。」經理人要對他們說。

經理人要強調，改變的只是價格，「而顧客做出購買決定會出於許多原因，價格只是其中之一，其他的還包括他們對公司經理人們的信任度、公司的聲望、管理結構等，這些東西是始終如一，不會改變的。提高價格並不是公司的政策將有所調整的信號，僅僅是因為產品的成本提高所致。」

如果可能的話，告訴這位員工，他的工作作風是紮實細緻的，從長遠看，這次提高價格不會對他的個人發展有多大的影響。要向這位親善者保證，幾個月後當新價格開始產生作用時，公司經理人會坐下來與他一起探討他的銷售業績和任務究竟在多大程度上受到了衝擊。如果這種影響是負面的，那麼經理人的任務就是與他一起商議提出一個扭轉這種局面的切實可行的辦法。

整體來說，要讓親善者看到，儘管產品的價格變了，但其他事仍一如既往，而且把漲價因素所引起的消極作用保持在能控制的範圍內是大有希望的。

(4)智覺者：他們也不情願漲價，但他們會希望瞭解更詳細的幕後原因。智覺者將極力弄明白這次漲價的合理原因是什麼，為什麼要在現在這個時候漲價，以及為什麼提高這樣的幅度。他們將會一直琢磨，如何把這次提高價格的前因後果告訴給他們的顧客。

「我們所面臨的形勢就是如此，」經理人可以說，「我也不希望會是這樣的情況，不過，我們現在最需要做的就是理解這個決定，盡我們所能合理地考慮到可能出現的各種後果，然後去做我們份內的事。」

公司經理人要儘可能地引用精確的資料。一份正式的產品新價格與競爭對手的產品價格的比較分析報告，將是非常有幫助的。公司經理人可能會需要一位智覺者幫忙修改和充實對顧客的新回報率，在把漲價的情況告訴給顧客們時，可以同時告知、解釋。

智覺者也可能會希望獲得保證，這種事情在短期內最好不要再發生，以免使自己陷於被動。他們還想知道，如果顧客們提出抱怨或取消訂單，他們該如何應對。

在向智覺者解釋情況時，經理人一定要盡己所能有理有據、合情合理、簡練準確地把問題闡述清楚。要提供給他們可以遵行的檔或指令。

以上是針對四種不同個性類型的人的四種不同領導方法。經理人永遠不能用根本不可能辦到的事情來哄騙。誤導他們或妄言輕諾。但是經理人可以「公關法則」知識來解釋每種個性類型的人最有可能接受哪種對待的方式。

公司經理人要選擇放棄自己的「自我」，而「潛」入到員工們的個性世界中去，據其所需而調整自己，這樣他們才能更好地處理像價格變化這種出乎他們意料的事，公司經理人也可能因此而大大降低使自己和公司面臨人心渙散、上下失和的機會。另外，這也是向公司的員工們表明，公司是非常看重他們的。

絕大多數員工都明白沒有永遠一帆風順的生意，繁榮與蕭條往往是難以預料的。但他們基本都是從生意上出現問題時，老闆如何對待他們的態度這種事來判斷老闆的為人特點。瞭解公司員工們的個性差別和如何應對這些差別的技能，運用這些知識來處理與公司員工的關係，經理人將發現，他的努力通常都會有許多的回報。

到現在為止，公司經理人瞭解了自己屬於哪種基本的個性類型，並且還知道自己的員工是哪種類型的，這樣就能較好地處理工作和拓展人際關係的範籌。請把這些東西記在腦子裡。

三、針對不同的員工做好溝通與交流

公司內部的交流包括與員工、部門和股東之間的溝通，需要同時採用多種方式，多管道、多形式、多層次的交流，才能收到理想的效果。

☑員工關係的處理

員工關係的好壞，直接關係到公司的興衰。建立良好的員工關係其基本目的就是使公司的目標和員工個人的需求一致，創造一個良好的環境，調整他們的積極性、主動性和創造性，培養員工的認同感和歸屬感，增進公司內上下的關係。要達到這一目的，公關經理人應做好以下幾方面的工作：

(1)滿足員工的需要

公司只有把公司的目標和員工的需要緊密的聯繫起來，才能激發員工的工作熱情和創造性。在物質需求方面要不斷提高員工的福利待遇，消除員工的後顧之憂，培養員工的向心力，讓員工參與管理，安排合適的工作以及員工培訓，為員工的個人發展提供機會。

(2)加強和員工的溝通

領導層與員工關係惡化通常是由於公司和員工之間缺乏溝通所造成的。因此公關部門應加強公司和員工之間的雙向溝通。一方面，除了特別重要的機密外，應透過各種傳播形式，讓員工及時瞭解公司運作的狀況、福利政策等；另一方面，應將員工的情緒意見要求和建議及時歸納、綜合反映給公司經理人，作為決策和工作的依據。

(3)培養員工的認同感和歸屬感

員工的認同感與歸屬感需要公司合理完善的制度和公關人員長期努力培養。它要求公關人員必須做出長期不懈的努力，從小事做起，來建立員工和公司間的情感。例如：可以設立員工信箱，收集員工的意見，經常舉行員工會議，舉辦各種休閒活動，定期邀請員工家屬參觀，介紹員工在公司中的重要性。

☑部門關係的處理

良好的部門關係是公司展開工作和發展的重要保障，是實現公司整體目標的重要保證，也是形成良好員工關係的前提。

協調部門關係必須做好以下幾個方面的工作：

◆加強整體觀念。
◆加強部門之間橫向交流。
◆平等對待公司內的各部門。
◆精簡機構，使各部門工作業務標準化。
◆提高部門成員的道德涵養和協調藝術。

☑股東關係的處理。

良好的股東關係有利於保持穩定的資金來源，有利於提高公司投資決策的科學性，也有利於公司的長遠發展。

公司建立良好的股東關係應著重加強公司和股東之間的資訊溝通，為股東提供充分準確的投資訊息和投資效益分析。為了做好溝通工作，公司公關人員應預先分析股東感興趣的問題。可以透過年度報告、召開股東年會與股東進行訊息交流。尊重股東的權利和優越感。公司公關人員應讓股東感到自己命運和公司命運是緊密相連的。

四、公關經理人的權威從何而來

要確定一點，即經理人的權威來自兩個方面。首先是「職位權威」。顧名思義就是，公司經理人是一個大權在握的老闆、部門主管、地區銷售經理，公司經理人的某些權威正是出自這些頭銜。

所以，即便公司經理人已經頭銜職位在身，還意味著有了專屬的停車位和出入於行政人員餐廳的特權，公司經理人仍然不能指望，也不要指望只靠職位權威就能使經理人隨心所欲，公司經理人還需要另一個有力的武器——「個人權威」。

在最近的幾十年裡，員工們的地位和權益日益提高。文化觀念的轉變、更開明的管理模式、法律法規的健全等等這些因素的共同作用，為員工表達他們的情感和信念提供了更自由、暢達的空間。事實上，現在已沒有人懷疑，如果一個領導者，不能從心裡被他的員工所接受，那麼他所能真正做到的領導作用就會很有限。

如果董事會的決策者、部門主管或區域銷售經理能像他所要求的那樣，使大家彼此間親和團結、協調配合，那絕不會是因他有這樣的頭銜，而是因為他自己有足夠的自信，並能取得每一位員工的信任，因為他有了「個人權威」。

職位權威帶有濃厚的等級制度的色彩，而個人權威卻完全是靠個人魅力來獲得的。職位權威只影響人的一時，而個人權威卻是把單純的服從變成真正的長久的合作。

顯而易見，如果想成為一個優秀的領導者，經理人需要的是個人權威。但是公司經理人怎麼才能獲得它呢？

初期階段，能把眼光放得遠一點，是會很有幫助的。這包括能勾畫出一幅雄心勃勃的未來藍圖，這樣經理人的部屬就將有了努力和奮鬥的目標。

公司經理人還需要的是自信。這不是自我膨脹或錯誤的虛張聲勢，而是內心對自己的能力有足夠的信心。這一點會有助於公司經理人大膽地設計公司的藍圖。

還有一點，經理人需要有真才實學。如果不具備淵博的學識、嫻熟的技能和豐富的閱歷，很可能不會有人追隨於經理人，不管公司經理人的宏圖大志是多麼雄心勃勃。

但是至關重要的一點是，公司經理人需要能夠：

◆善解人意

◆善於激發誘導和鼓動

個人權威——其本質就是經理人與人打交道的技能——對公司的組織系統具有舉足輕重的意義，而「公關法則」正是獲得個人權威的關鍵所在。為什麼這麼說呢？這是因為：

(1)如果公司經理人能做到對員工們的個性類型都很瞭解，並相應地順應他們，那麼經理人會比那些不懂得員工潛在需求的經理人有更多的建樹。

(2)如果公司經理人努力透過瞭解員工和下屬們的希望、擔心和夢想，與經理人之間建立聯繫管道的目的，那麼他們會以最大的努力回報於公司經理人。

(3)如果公司經理人對他們的品性多加注意和讚揚，對他們能表現出足夠的信任，員工們也會對自己更有信心，情緒更愉快和更有創造力和工作熱情。

簡而言之，如果經理人尊重他們的個性，不排斥他們本質上的差別，他們會覺得是在一個愉快的團隊裡，他們會更努力和更好地為公司工作。但是公司經理人必須給他們施展自己才能的機會，而不僅僅只是把自己的意志和做法強加給他們。

要做到這一點，經理人就要學會傾聽、觀察他們和與他們交談，使他們感覺自己的重要性，正是公司需要的那種人。

只要恪守「公關法則」的原則，那麼經理人能夠讓出現緊張和衝突的可能性大大降低，創造一個更有活力和富於熱情的工作團隊。

菁英培訓版

MEMO

第二章

實施成功、有效的對內公關

第一節 健全的公關部門是成功的一半

一、經理人應該遵循的公關原則

公司的全方位公關首先應該從管理者做起。其應遵循的原則是指從公關活動的大量實踐中總結出來的，並經過科學總結與實踐檢驗的，用以指導公關經理人展開未來公關工作的基本準則。它是公關經理人工作的程式，正確運用公關方法和手段，合理行使部門管理者的職責，有效實現預期公關目標的指導體系。

☑尊重事實、公開活動的原則

尊重事實就是一切從實際出發，按客觀規律辦事。公關經理人必須懂得先有事實後有公關活動的道理，離開客觀實際的一切公關活動都是毫無意義的。

☑講求效益、互惠互利的原則

公關經理人展開公關活動時要以利益為基礎。在市場經濟中，沒有利益，也就沒有公關活動。不同的公司會有不同的利益需求，但在工作中，首先強調著眼於社會效益，這應是各類公司的公關經理人必須遵循的重要原則。

日本著名企業家松下幸之助曾說過這樣一段話：「一般人認為公司的目的在於追求利益，為了促使公司能合理經營，利益的確是不可缺少的。然而，追求利益是最終的目的嗎？不是的。最終之目的乃在於以事業提升共同生活的水準，完成這項最基本的使命，利益才能顯現它的重要性。

從這個角度看來，經營公司非私人之事，乃大眾之事。所以，我認為，即使是私人公司，也不應該僅僅站在私人的立場上考慮，一定要經常想到它是否對人類共同生活的提升有所裨益。」這段話包含了較深刻的「著眼效益、互惠互利」的公關思想。

☑長期規劃、立足現實的原則

公關經理人組織展開的公關工作是一項持久行為。良好的公關狀態的形成，不是一蹴可及的事情。需要全體公關人員長期規劃與努力，並從具體的一點一滴的小事做起方能實現。

良好公司品牌的樹立，長遠公關目標的實現不會憑空而來，需要立足現實。

公關經理人應明確自己的職責，做好職責範圍內的工作。概括地講，公關經理人在現代公司中要履行以下職責：

(1)熟悉公司所有情況，把握公司整體的經營發展策略，為各個階段的公關工作確定目標，提出具體計劃，並組織執行。

(2)在實施公關計劃、實現公關目標的過程中，把握時機，充分利用各項資源，確定目標中的優先點，選擇容易影響目標大眾和引起媒體興趣的問題和環節予以重點突破，為整個公關活動目標的實現開闢道路。

(3)掌握訊息傳播的規律、管道和方法，與媒體建立良好的互動關係。向公司領導者報告訊息傳播中面臨的問題，提出解決問題的措施。組織監視外界輿論，及時採取措施扭轉對公司發展不利的輿論，抵制對立輿論。

(4)展開大眾關係調查瞭解外界大眾對公司的反映，特別要瞭解消費者和用戶的意見和要求。要及時與公司領導者溝通情況，並注意研究調整公關政策。

(5)代表本公司向外界大眾宣傳解釋各項方針政策、重大行動及產品、服務等有關情況，主持重要的公關專題活動，出面協調各方面的關係。

(6)親自撰寫重要的文章和稿件，如總結報告、活動計劃和新聞稿等。

(7)制定預算方案，估算展開各項活動所需的財力、物力，提交公司領導者。

(8)當突發危機事件發生時，把主要精力投入到危機處理工作中去，努力把損失降低到最小程度。

(9)做好下屬公關工作人員的管理工作，做好分工，建立責任制，提高每個專業人員的積極性、創造性，發揮其專業特長，主動地做好本職工作。

公關經理人要想減少阻力，獲得工作上的成功，取決於自身的素質與能力，但是還有一個不容忽視的重要因素，那就是能否與公司領導者相互配合做好關係。解決這個問題應當從兩方面努力：一方面是從公關經理人的角度，務必專司本行，精通業務；熟悉本單位全體員工的狀況，能及時獲取內部任何角落的訊息；建立暢通的外界交流管道，使自己成為外界信賴的獲取訊息的可靠來源，亦能及時獲取外界資訊；隨時向公司領導者彙報情況，安排好需要領導者出面的各種、演講、會議和活動。公關經理人做到了這些，才能得到公司內外的信任和好感，又能受到公司領導者的支持和器重。

另一方面是從公司領導人的角度，要真心實意地重視公關工作，支援公關工作；要有能力並願意與內部員工和外界大眾交流；必須做到使公關經理人瞭解各種事情的真相、實情，做到事前通知，直接聯繫，與公關經理人建立直接的交流管道。公關經理人與公司領導人之間協調一致，配合默契，是公司公關工作獲得成功的重要保證。

二、公關經理應如何設置公關機構與組織

根據公司的具體情況，公關經理可以組織設計不同類型的公關機構，並直接對其進行領導。在現代社會條件下，公司與大眾的關係直接可以看做是「唇齒相依」，「共存共榮」的關係。從公司的角度來看，若是沒有了公關，公司便極有可能失去了在大眾中的價值和地位。

☑公關部門類型

成熟的公司在安排公關部門時，主要有三種做法，從而也就形成三大類型的公關部門。

(1)部門所有型。即把公關機構附屬於公司的某個部門，一般通常附屬於銷售部門或廣告部門。

(2)部門併列型。即把公關機構與銷售、財務、經營等部門平行排列，處於同一層級。

(3)領導層直屬型。即公關部門門從公司的地位看屬於一個第三級機構，但它又不歸屬於哪一個二級組織管理，而是直接向領導層負責。

確定類型的方法主要有以下幾種：

◆根據公關工作的物件確定公關部門的類型。

◆根據公關工作的業務內容確定公關部門的類型。

◆根據公關工作的區域確定公關部門的類型。

在上述不同類型的機構中，工作人員是具體公關工作的實際操作者。公關經理人的工作目標能在多大程度上得到實現以及落實工作的成效到底有多大，最終取決於工作人員的努力。

公司公關部門的人員數量不一樣，人員的分工情況和各自承擔的任務也不同。一般地說，公關經理人的工作任務重，人員就多，分工就比較細；反之，公關經理人的工作任務輕，人員就少，分工就比較少，甚至不分工。

公關經理人在設置了自己的部門以後，就要根據公司的整體發展策略目標展開公關策劃活動，在工作的過程中，還必須遵循一定的原則，以確保公關工作的效果。

公司公關部門一般配置為五到六人，主管調控整個部門事務；諮詢以內部公關為主，負責公司文化建設和有關資料、檔的收集、分析。媒體人員負責與媒體和專業廣告公司的溝通、協調。執行負責各類活動的具體督導、執行。關係協調以對外公關為主，負責與政府機構和重要行業的溝通、協調。

☑組織架構劃分

(1)部門主管工作：公司內外的公關策劃計劃、公關目標的選擇確定與實施、評估、預算，公關資訊的收集整理及傳達；就公關問題向公司管理層提出建議與辦法；最大限度地讓大眾瞭解公司的政策、行動、服務、人事，以贏得理解與支持；建立與政府以及其他各單位、團體的關係，公司文化之內外傳播。另外還要做好策略規劃、策劃執行與落實；幫助發展部門做好經營計劃的落實以及協助內部部門做好管理的公關。

(2)資訊主要工作：執行市場調查掌握相關市場動態；全面收集客戶訊息，瞭解客戶需求；瞭解同行業動向；密切關注競爭者的行銷策略、動向等各種行為；反應行銷策略、促銷手法、廣告宣傳的效果。另外要作好公司文化在內外的推廣和與公司其他部門在資訊方面的配合。

(3)媒體主要工作：及時掌握媒體市場動態、服務現況、價格訊息等；制定正確的公司媒體管理計劃，具體落實每一計劃，實現媒體效益；著重與影響力大的電台、電視台報章雜誌等機構建立良好的溝通管道，避免不必要的負面影響；建立媒體資源庫，包括各大廣告公司情況；積極參與媒體活動，從媒體中收集相關訊息；對委託廣告公司等品牌推廣活動，要進行審查追蹤評估。同時要協助策劃推廣方案的實施和訊息的收集。

⑷關係協調的工作：負責以公司名義對外協調；管理好各方面資源，為公司服務；對公司內部各部門關係的溝通與協調；同時要完成本部門臨時委派的工作並協助相關部門之工作。

三、公關部門應為公司發展發揮作用

☑為公司樹立良好的品牌形象

良好的品牌形象是公司無形的財富。它不僅可以保持現有的顧客，也可以吸引許多潛在的顧客。英格蘭蘋果公司原只是一個從事蘋果汁買賣的公司。後來，該公司的公關部門花了少量的錢，請設計公司設計了一個被咬了一口的蘋果圖案用來做新包裝的標籤，並採用了新的品牌——「精純」，進而在此行業中脫穎而出。

☑收集和發佈訊息

現代公司處於資訊爆炸的時代，處理訊息的工作，直接影響到公司的行銷，而公關部門可以勝任此事。一九八七年前後，日本新力公司公關部門透過廣泛調查發現，由於電腦實用且迅速普及，不少家長都提倡孩子少看電視、多學電腦。根據這一訊息，該公司率先做出品牌改革，推出具有電腦外觀並便於與電腦連接的電視螢幕，結果大受歡迎。

☑消除誤會隔閡

一個現代公司，所面對的很可能是不同國家、不同地區、不同民族、不同文化的細分市場，公司在這樣的環境下展開經營活動，難免會發生種種誤會，出現某些隔閡。此外，公司在內部工作中也難免發生一些失誤。公司公關部門要致力於彌補公司過失，清除種種不必要的誤解與隔閡，在公司與不同消費者、用戶、有業務聯繫的單位與部門之間架起一座橋梁。

美國強生公司生產的泰洛納止痛膠囊，在芝加哥一度發生了服用後致死的事件，引起消費者的恐慌。雖然藥物化驗否定了藥廠出錯的可能性，但他們仍決定收回整批藥物，為此他們花了大量的經費及時通知四、五萬家醫院、批發商與用戶，並在報紙上進行報導，同時撤銷了所有在各國電視中的廣告。

此外，他們每天安排回答大眾和新聞記者詢問，讓大眾瞭解事件的發展。最後在查明是有人在製造假藥，公司又懸賞十萬美元緝拿罪犯。由於公關人員的努力，泰洛納止痛藥很快在國內外恢復了信譽。

四、公關經理人要明白下屬應該做些什麼

公關經理人的下屬人員包括專門負責搜集傳遞訊息、製作宣傳品、協調內外關係、對外聯絡、接待來賓等方面的公關工作人員。他們的工作專業性強，複雜多變，要求嚴格，在公關經理人的統一指揮下進行。每一位專業人員所負責的每一件事情，撰寫的每一篇文稿，甚至打一個電話，接待一位來訪者，都是實現公關計劃目標的具體表現，都與塑造公司整體品牌形象密切相關。

因此，公關經理人有必要透過一定的形式，將下屬人員的職責和不同工作崗位的具體要求規定清楚，以增強工作人員的責任心，提高公關工作的效率。

☑對下屬人員的一般要求

在現代公司中，公關經理人的下屬人員應做到以下幾方面的要求：

(1)學習掌握公司經營發展策略和公司公關的目標、政策、計劃，注意搜集有關方面的訊息，並能提出建議。

(2)熟悉公司內部員工、股東的情況和外界大眾的情況，主動利用各種機會進行溝

通工作，使自己的本職工作更有針對性和實效性。

(3)不斷充實專業知識，技術上精益求精，有創新意識，不斷開創工作新局面，創造佳績。

(4)遵守職業道德和國家法律，按照公關人員的行為規範約束自己的言行。

(5)認識公司公關工作是一個整體，必須服從統一的調度指揮，不能各行其道，更不能自作主張。有些事從局部看是可行的，而從全面看是不可取的，就應該顧全大局。

☑下屬人員的職責

(1)撰寫稿件，如新聞稿、總結報告、演講稿、宣傳手冊、電影腳本、商業檔、雜誌文章、廣告詞、生產和技術訊息資料、公司簡介、徵人啟示等。

(2)編輯出版公司內部報刊、宣傳手冊以及各種資料，如員工讀本、教育訓練等；承制和編輯視聽宣傳資料。

(3)與新聞媒體如報社、雜誌社、電視台、電台和新聞通訊社等聯繫，保持與他們的訊息交流管道暢通，以便使本公司提供的新聞稿得到播出和刊登。同時為新聞單位的採訪、約稿提供管道，對某些敏感性問題主動做出解釋和回答。

(4)組織和籌辦專題活動，如安排記者招待會，舉辦展覽、慶典活動，組織參觀、競賽、獎勵、集資捐助等活動。

(5)透過市場調查等多管道獲取全面、準確的訊息情報，並進行分析研究，使公司所制定的政策和計劃能夠適應大眾和市場的要求，組織實施計劃，評價計劃實施的效果。

(6)利用多方面的知識和技術舉辦各項活動，使公關活動富有藝術性和感染力。

(7)利用各種場合發表演講、談話，宣傳公司的政策，加強公司的形象。

(8)與政界人物和行政機關、司法機關的聯絡交往；接待名人及外賓的來訪；在舉行慶典活動時，安排對名人、賓客和記者的接待。

(9)出席會議，包括列席董事會議，出席生產計劃會、產品發表會，代表公司出席供銷廠商會議、商貿協會會議和其他被邀請的會議。

(10)監督本公司廣告業務的展開。若廣告業務歸公關部門所管，則負責與廣告公司保持密切聯繫。

(11)培訓。它主要包括兩方面的含義：其一是指一般公關人員接受培訓，不斷提高公關素質和專業技術水準。其二是培養公司全體員工樹立公關意識，樹立良好的公司品牌形象。

(12)實行公關職能的有關方面，如人力資源、預算、企劃設計進行管理。

第二節 個人魅力來自優秀的公關藝術

一、優秀的人格是公關經理的力量源泉

一九九二年，美國德爾塔航空公司因為國內同行競相削價競爭，損失高達五億多美元。董事長兼執行總裁艾倫為了在次年省下三．七五億美元，決定實行裁員與減薪計劃。

他計劃裁減五%的員工，這意味著將有好幾百名員工失業，而降低薪資則使七千多名員工的健保與休假福利被取消。就在這個人人都需要勒緊褲腰帶的時候，艾倫卻運用自己的公關技巧說服董事會為自己增加二十一%的年薪。由四十七．五萬美元調為五十七．五萬美元。這個數字就美國一些大公司總裁、董事長的一般年薪而言並不高，但在公司遭受前所未有的虧損，許多員工連工作都保不住時，這個舉動就大有疑

問了。

艾倫終於意識到了問題的嚴重性，於當年八月底要求董事會暫時不要給他加薪，而是減薪十%。像艾科卡當年接手克萊斯勒時以只領一美元年薪的姿態與公司共渡難關。這種明智之舉一下子為他贏得了良好的聲譽，這才使他的計劃能順利推動。

艾倫的故事表明，公關經理人不能對人一套，對己一套，否則他的決策就不能得到實施，計劃就不能得到落實。公關經理人必須建立一個可信的領導形象，否則，他的領導能力、員工的工作效率以及公司的發展都要大打折扣。

在公司領導者與員工以及外在利益關聯者的長期關係中，也許並不需要使關係提升到非常好的水準，但至少要有一種彼此信任的關係。為此，公關經理人需要有一個不相矛盾的形象，並且一點一滴地建立起自己的信譽來。

儘管公司管理工作千頭萬緒，不像拍電影，會先有一個劇本來為每個人設計每一個環節，公關經理人必須奉行一些自己將一以貫之的基本原則，不管它是否有時會綁手綁腳。曾有公關經理人說：「商界的一切事物都處在變化之中，如人、產品、建築物、機器以及所有其他事物——唯有原則恆定不變。」

公關經理人應首先奉行那些為人處事、與人相處的基本原則。一個公關經理人如果言而無信，前後不一，其結果極為危險。作為一個重要人物與大眾人物，公關經理人的一言一行不僅代表他自己，而且代表整個公司，如果因為他的自相矛盾而造成公司內外的信任危機，後果不堪設想，最終的苦果還是要由公關經理人自己來承擔。對此，成功的公關經理人都深有體會。

《洛杉磯時報》發行人羅伯格說：「如果你跟我開過兩次會，你所看到的我絕對是同一個人，我不會做兩面人。在任何場合，我都很注意自己說的話是否前後一致。」一個人是不是好的公關經理人，首先在於他是否言行一致，前後一致。如果前後矛盾，朝令夕改，人們將棄他而去，公司的工作進程將陷入一片混亂。

更進一步講，公關經理人個人魅力及個人影響力的來源，除了決策與實施一項策略或計劃之外，更重要的還是勇於承擔責任和信念堅定，這最終表現為端正的決策態度與健全的責任心理以及行動的一致性。如果高層管理者本身態度就不明確，前後矛盾，令人費解，就無法培養公司內的奉獻精神，就無法形成強大的市場競爭力，就失去對外界相關者（客戶與投資人）的號召力。公關經理人作為公司的對外代表人，如果在大眾眼中只是一個反覆無常、言而無信的人，其對公司的打擊，可能會比一千個競爭對手還大。

松下幸之助指出：「公司經營需要時時刻刻作決斷，決斷時所依據的根本基準就是『經營理念』。」而經營理念或事業理想是以公關經理人個人的人生觀、世界觀為基礎的。換句話說，經營理念必須從公關經理人這個「人」身上產生出來，唯有如此，經營理念才能實際執行，真正做到指導自己行動的作用。

公關經理人的形象與人格的一致性，最終來自於他的經營理念或事業理想，這是他從內心為自己立的尺度。這個尺度不是僅能有約束他行為的作用，實際上還能幫助他，使他從不時遇到的決策難題中跳出來，前後一致、心平氣和地制定政策，將自己的眼前利益置於度外，但卻使自己的言行具有了更大的說服力與感召力。

公關經理人的理想精神不僅是公關經理人形象與人格一致性的保證，而且一旦這種理想真正成為公司的行動指南，就將使公司在自己的歷史發展中不斷開創出新的領域。作為公關經理人必須有信譽，必須贏得員工及外界的信任。領導哲學從古代開始就把這種信任列為領導藝術的第一法則。

二、如何當一個輕鬆的公關經理人

「你要把一個公司想像成為一個大屋子。這個屋子有好幾層，屋裡還有些牆壁，你可以把它想像成為公司內的不同部門。現在，你手裡有一顆手榴彈，拉開引線，然後扔到屋子的前門，屋子爆炸了，所有的樓層和牆壁都消失無蹤。現在，你可以開始對這個公司進行工作了。」這是前通用公司的主席和CEO傑克・偉爾奇曾經對耶魯MBA學生們說的話。

把公司炸成碎片很容易，但是，怎麼再把它組裝起來呢？現今的公關經理人要首先具備這十條要素。無論你是在負責一個部門，一個很大的公司還是一個富可敵國的跨國公司，公關的原則都是相似的。下面就是這些原則：

☑確定方向

站在鏡子前說「這就是我們的未來」，流暢的連說五遍。一個公關經理人在任何組織內其主要工作都是找到一條通往未來的道路。如果你不能提供方向，那你就只能是個一般領導者，而不是公關經理人。你的視野必須是真實而不是虛幻，讓人們能對你產生信任。

☑創造一個基於創新與合作的公司文化

創新不光是設計出時髦的產品。它還包括讓客戶擁有更好的體驗與服務。這種層面上的創新其基礎是公司組織不拘禮節，架構簡單並且摒棄官場文化。換句話講，在這樣的環境中，所有公關人員都不會因為害怕有什麼反應而不敢發表自己的見解。你的公司應該是個所有人一同分享成功失敗的地方。

☑簡化任務，保持注意力

找到五個急需改進的方面或者部門，然後保持注意力直到事情都做好。在你的清單上可能包括類似成本控制、品質或者客戶滿意等內容。每一個改進都要設定嚴格的目標，並有專人負責（不要擔心，壓力可以幫助人員成長）。你要及時的考核監督並給予獎勵。

☑尊重你的客戶

網站給你的客戶有了發言的好機會，他們能很明白的告訴你，對於你的產品，他們喜歡什麼，不喜歡什麼。傾聽他們的聲音，進入你所從事的市場，詢問客戶的反應。抓住每個機會改進服務，否則，你會發現你的客戶越來越少。

☑聘用最棒的公關人才

無論事業是否順利，你的公關人才都是你最重要的資源。聘用那些有雄心的人，他們都是團隊裡的建設者和良好的交流對象，在困難的時候，他們也能讓公司正常運作。一旦你擁有了這樣的人，你應該把他們納入一個充滿激勵的體系中，表現好就應該給予獎勵。

他們努力工作，其實除了錢之外還想獲得更多無形的東西。他們希望一種提倡效率和鼓勵冒險的文化，他們對於現狀總是有著挑戰的慾望。

☑像對待客戶一樣對待你的公關人員

如果你要感動客戶，你就必須首先感動你的公關人員。在公關培訓和指導方面要加大投資。向每個人解釋公司的目標，從而讓他們有動力前進。教育並獎勵公關人員中最好的二十%可以產生公司八十%的生產效果，而最差勁的那十%公關人員能帶給你八十%的頭痛。

☑注意社會責任感

你必須考慮你作為一個公司的行動可能給當地社會帶來的影響。

☑把科技當成朋友

科技可以改變你公司賣的東西，公司的公關運作方式，還有公司為未來做的準備。你應該經常開發新產品，選擇新的流通管道，改進與你客戶的交流方式。

☑培養未來的公關經理人

每年都挑選出最優秀的人，給他們四～五個月時間從事最艱苦的任務。比如讓他們的團隊來解決賠償問題或者客戶滿意問題。

☑以身作則

時時保持你的道德準則，特別是在做困難的決定的時候。你應該有個完全信任並尊重的公關團隊。請記住：照顧好你的客戶，只要能夠照顧好客戶的公關人員才可以為你創造財富。

就是這些，你很快會擁有一個讓你感到驕傲的公關團隊。

三、公關經理必備的十大業務規則

作為一名公關經理所需的素質是多方面的，我們簡單的談一下公關經理必備的業務規則。

(1)敬業。要比任何人更相信這一點。正是透過工作中的絕對熱情，才能克服自身的每個缺點。

(2)與所有同事分享你的成功，把他們視為合作夥伴。

(3)鼓勵你的下屬。每天想些新的、較有趣的辦法來激勵你的下屬。

(4)交流。他們知道越多，理解就越深，對事情也就越關心。

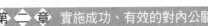

(5)感謝你的同事為公司所做的每件事。任何東西都不能代替幾句精心措辭、適時而真誠的感激言辭。

(6)成功要大肆慶祝，失敗則不必耿耿於懷。

(7)傾聽公司中每位公關人員的意見，並設法廣開言路。

(8)要做得比公關對象期望的更好，滿足他們的需要。

(9)比競爭對手更有效地控制費用。

(10)逆流而上，另闢蹊徑，打破傳統觀念。

以上是一些十分平常的規則。真正的挑戰在於，你要不斷地想出各種辦法來執行這些規則。

如果說傳統意義的領導方式主要依靠權力，那麼現代觀點的領導方式則是靠其內在的影響力。一個成功的領導者不是指身居何等高位，而是指擁有一大批追隨者和擁護者，並且使公司取得了良好績效。

四、建設一個優秀的團隊，營造一個和諧的環境

當今的許多公關經理人深切感到，自己就像一個剛出道的空中飛人。由於他們所

領導的公司組織正在向團隊方向發展，所以他們必須從一個舒適、安全的平台（即他們公司組織的傳統文化）跳到另一個平台（即進行自我管理的團隊）。他們必須放棄獨權式的領導方式，學會授權賦能。

可惜的是，這種變革並不被看做是一個振奮人心的過程，相反卻使許多主管焦慮不安。為什麼？因為很多主管不知從何著手，而他們所領導的公司組織也不清楚該怎樣去幫助他們。

一個優秀公關團隊的建立剛開始時，公關經理人不得不花很多時間和精力來帶動你的團隊。必須明確團隊目標、員工的角色和責任。此後不久，主管需要花四十%～六十%的時間訓練員工去做你以前做的工作，如安排、分配每天的任務、生產監督等。

在這個成長階段，可以讓團隊成員儘可能多地承擔一些不會引起太大後果的任務。當團隊適應了新的職責後，會幫助他們掃除障礙並提供各種所需資源。這一階段你需要注意以下方面：

要堅持不懈，在變革過程中，幾乎所有團隊主管都經歷過至少一次的徹底失望，然後，就會出現一個突破，團隊成員或者成功地完成一項新任務，或者學會運用一項新技能，甚至會開始感謝你給予他們的幫助，注意觀察團隊的進步情況，如提前完成任務或者在某一領域展示了高度的主動性；樹立責任感，當團隊自始至終地負責一項任務時，他們會非常熱心地對待這項任務。

在這個階段，你的團隊需要你的說明。因此，要為他們投入一些你的個人時間，不斷為他們提供幫助，給予適當的指導。

團隊經過一段時間運作以後，他們能夠很好地處理人際關係問題、很好地合作，並能使業績保持在一個穩定成長的水準。這時，你的團隊已經不像從前一樣離不開你，因此你有更多時間謀求自己的發展。你可以在某一領域深入鑽研，也可以負責改進一些跨部門的工作流程，還可以想出一些能為公司或客戶增值的好辦法。

在這一階段，你的團隊可能已發展到巔峰，為避免發生鬆懈或自滿情緒，需經常提醒他們團隊的目標並說明他們認清新的任務和挑戰，繼續為他們舉辦慶祝活動，不斷激勵團隊進步，為團隊的壯大和發展提供原動力。

在一個公司中，營造一個和諧的工作環境決定著員工的心情。而這種環境的營造，良好的物質環境當然重要，環境的氣氛也同樣重要，而主管就是環境氣氛的建設者和維護者。在這樣的環境營造過程中，美國著名企業家瑪麗・凱的《用人之道》教給我們很多知識：

(1)希望像別人怎樣對待自己那樣去對待別人，管理中的金科玉律就是：「你們願意別人怎樣對待你們，你們也應該怎樣去對待別人。」

(2)相信每個人都有專長，必須使別人感到他們自己很重要。一個主管怎樣才能使人們感到自己重要？首先是傾聽他們的意見，讓他們知道你尊重他們的想法，讓他們發表自己的見解；其次是既要人們承擔責任，又要向他們授權，不授權會毀掉人們的自尊心；最後，應該用語言和行動明確地告訴人們你讚賞他們。

(3)把聽意見當做首要的事來做，掌握聽意見的藝術，聽敏的管理者是多聽少說的人。

(4)批評要講策略。假如某人的工作不能令人滿意，你絕不可繞開這個問題，而必須表達自己的看法。不過，在提出批評時，一定要講究策略，否則就有可能出現適得其反的結果。這裡應該注意的是：

(a)絕不當眾批評人。

(b)要記住批評的目的是指出錯在哪裡，而不是要指出錯誤者是誰。

(c)要創造出一種易於交換意見的氣氛，瞭解「和自己員工保持親密的關係是正常的」，因此對員工既要關心，又要嚴格，既要十分親切，又不能損害自己的監督作用。

(d)無論批評什麼事情，都必須找點值得表揚的事情留在批評前和批評後說。

(5)對別人熱情。一個能激起熱情的平凡主張比一個不能激起熱情的非凡高見好得多，因此，主管者必須能激起部下的熱情。要實現這一目標，主管本人必須首先要有熱情。一帆風順時保持熱情並不難，但是在逆境中要保持熱情卻不太容易，這時，必須強迫自己保持熱情，直到自己身上自然而然地產生出熱情，正如顧客的購買慾望會因為售貨員的冷漠態度而消失，所以主管的工作態度會影響其他人的熱情。如果一位主管對部下提出的企劃案三心二意，那他一定得不到下屬的支持，因此，缺乏熱情有可能導致毀滅性的後果。

為了創造出能提高員工士氣和生產率的環境，管理階層能做些什麼呢？他們能採取以下五項重要步驟：

(1)制定、公佈並闡明公司的全面目標和政策。這需要勇氣和技巧。但是，如果人們把安全和維持現狀看得比機會、創新精神和士氣更為重要，那就很容易產生萎縮和腐朽。

(2)創造出和諧的關係和條件。所有的管理人員和監督人員都應為自己的組織自豪，為自己的工作和下屬的成就而感到自豪。經驗證明，全體工作人員的績效是與管理者的能力和績效直接相關的。

(3)獲得員工的支持。要使基層和監督人員以及所有高層管理人員理解和支持整個公司所努力達到的目標，深信公司的目的和目標的重要性。

(4)舉辦各種會議。這些會議必須有良好的準備和充分的資料。只要做得到，至少要有以下一些會議：(a)全體員工每年開一次會。(b)所有的監督人員每年開三～四次會。(c)所有公關管理人員每月開一次會。(d)最高管理階層每週開一次會。

(5)發佈一些令人感到興趣的刊物：(a)公司報刊：定期刊物、週刊或月刊。(b)管理當局對員工的報告：年度報告或季報告。(c)給公司所有者、股東、董事，以及其他主要有關人員的年度報告。(d)定期報告和專題報告。(e)手冊、標準作業指示。(f)適應於各個階層的政策指南。(g)教育訓練教材。

五、人性化的公關藝術

公司的管理就是人的管理，公關更是做人的工作，因此在公關中注重人性，才能真正把公關做好。

☑民主化人事管理

韓國大宇公司是國際著名的大公司，該公司開創了員工自行判斷自己的品格能力，並選擇自己希望的工作場所，有自己決定自己工作前途的「民主化」人事管理制度。由員工定期對自己的表現做出評估，當然這樣的評估是有一定的科學標準。

大宇公司的這種民主化人事管理實際上是發掘人的潛力，讓員工覺得自己是公司的主人，對公司的長遠發展是具有積極的意義。

☑「適度距離」人事管理

美國通用公司總裁史東有句名言，這樣說道：「人際關係應保持適度的距離。」不管是對內對外，還是經理人與員工之間，保持這樣必要的距離都是必須的。而且史東自己也是這樣做的。他對自己的親屬、朋友都保持一定的距離，對於高層，他認為平時的接觸已經夠多了，因此總是避免和他們聚餐，接受饋贈等等。相反，對於下屬工作人員，他則主動和他們接近，瞭解他們的想法，解決他們工作和生活中的困難，贏得了上下的一致好評。

☑「金字塔式」人事管理

這種人事管理模式被許多公司所採用。「金字塔式」的人事管理實際上是一種責任中心制，從上到下層層負責。在培訓上也同樣如此。公司定期從所有員工中進行選拔優秀的員工進行培訓，培訓合格的就能升到更高的職位。在從較高層的領導者中選拔傑出的人士再進行培訓，不斷提升，提高整個團隊的素質。

☑籠絡人心的人事管理

人心對於公司的發展是至關重要的。瑪麗是國際化妝品知名品牌的女經理人，從一個只有九名的小公司到五千多名員工的大公司，瑪麗的管理之道就是籠絡人心。在公司的總部大樓顯赫的位置上，擺放著比真人還要大的該公司銷售主任的巨幅照片，從中不僅可以看出公司對公關的重視，更能感覺到公司「以人為本」的管理理念。

在公司，每個員工過生日，都會收到一束美麗的鮮花；任何新員工加入公司，瑪麗都會親自迎接，讓每個員工都感到自己受到了足夠的重視。對那些為公司發展有著重要作用的高層領導人，公司則更是處處為其著想，從而使公司上下形成了一個大家庭的氣氛。

☑協調管理藝術

美國密西西比管理公司負責的幾家連鎖旅行社，發現旅行社的員工士氣低落，經過調查研究，原來是這幾家連鎖旅行社離總部較遠，員工精神無所寄託所致。為了協調這種情況，公司辦了一本通訊刊物，專門發表員工的一些感受，解答員工的疑問。同時加強這幾家旅行社和總部的聯繫，經常發佈整個公司的消息，並定期到總部參觀，參加總部的大型活動，幾家旅行社很快恢復了生機。

六、良好的溝通使公司的各項運作結合起來

溝通障礙會使公司公關部門和其他部門的結合紊亂。過去人們往往忽略了訊息傳遞者的責任，在組織中每個人都有做好訊息傳遞的責任。公司組織要求每一個成員都具備溝通的技巧。

☑公司的訊息流向

管理者要「知道」公司內外環境的訊息。

訊息向上流通，最終流向最高決策者。

訊息向下或橫向流通，流向執行者。

☑有效溝通

溝通由傳送者發出訊息，但必須由接收者有效接收才能起作用。所以發送者有責任發出明確的訊息，用接收者容易理解的語言和傳遞方式來發出訊息。

在緊急時刻，用簡短語言告訴他，這種方式當然容易理解，但是拿一大疊書面資料要他看，就不是「容易理解」了。應當注意選擇每次傳遞使用的傳遞形式：交談、報告、電話、檔案、圖表、統計表、電子資料、照片、身體語言、暗示等等。

當有一個任務要執行時，應當給予他完成職務所需要的完整訊息。

例如中層主管，承上啟下，團結整個團隊工作。但他的上級往往不能把完整的訊息傳遞給他，市場直接把訊息傳遞給他的員工，而中層不知道這些訊息。事後也不補救聯繫。訊息傳遞的不完整妨礙了他們完成職責。

向上傳訊息「報喜不報憂」，缺乏完整性，妨礙決策。

合理使用傳遞管道——組織要用正常的管道傳遞，不要使用非正式組織的管道傳遞，會造成混亂。

☑障礙

詞不達意。用詞不當、陳詞濫調、廢話連篇、概念不清、邏輯混亂等等。

錯誤轉述。傳遞上級意圖，理解錯誤或翻譯成自己的語言產生偏差，或表達不清楚使人誤解。

缺乏注意力。接收者注意力不集中，接收不良，使傳遞產生失誤。

不明確的假定。所傳遞的訊息中含有不明確的假定，日後執行時容易發生問題。沒有足夠的調整時間。有的改變，人們需要時間來考慮，才能體會整個訊息的意義，如果給予的時間不足，就會使人們難於接受。

對溝通者不信任。管理者自身朝令夕改，沒有信用，無法取信訊息接收者。

不成熟的評價。交談時，一方不虛心聽取他方的意見，亂加評判，造成互相溝通失敗。

畏懼。上司擺不必要的「威嚴」，下屬畏懼，不能正確上傳訊息。

疏於傳遞訊息。惰性，拖延，或藉口保密、等級等等不把必要的訊息傳遞給管理人員。

第三節 高素質的公關人才是公關策略的核心

一、人的領導是公司公關的基礎

任何公司都離不開人，從社會發展來看，社會學認為人是萬物的主宰，公關學應該從人著手。

從最上層到最低層，都各得其所，各盡其才。也就是說，公關的基本精神，就是要最大限度地發揮每個人的才能，並使每個人的才能全部地朝著有利於達到公司的目標方向發展。美國通用汽車公司前副董事長詹姆士・莫尼說，人員組織公關就是為達到共同目標而設立的一種人類聯合的形式。另一位美國富豪安德魯・納奇是一個擅長於人員組織公關的實業家。人們把他豐富的人員組織公關經驗和組織才能精闢地概括在他的墓碑上。

他的碑文寫道：這裡埋葬著一個人，他擅長於把那些強過自己的人，吸收到為他服務的機構中。

公關人員的責任是要全力實現公司的目標，因此公關組織的宗旨就是要確保公關人員盡到上述責任。公關組織具有強大的威力能使各個本來分散的個人和具有不同能力、不同個性的人組織成一個有共同目標的、相互協調的整體。

這一整體的能力並不是它所屬成員能力簡單的加在一起，而是一種不論在數量上還是在品質上都遠遠超出原有成員能力的新力量。所以，有人說，公關組織的目的就是要促使員工做出不平凡的事情，任何組織都不能靠天才，因為天才畢竟是少數。但是，好的組織公關可以使人發揮出天才的才能，可以使每個人發揮出比他個人的才能大得多的能力，也可以使每個人的弱點縮減到最小程度。所以，公關組織要創造出充分的條件，使每個人的能力和積極性都以最大限度地發揮出來。公關組織還要有利於增強和激發每個人的才能。每個組織要把重點放在發掘公關人才和使用公關人才上。

因此，每個組織本身還要具有不斷改善、不斷革新的精神，使每個人的才能不斷發展和不斷增強。公關組織的功能不只是協調各成員的能力，因為「協調」畢竟還是消極性的；公關組織還要促使各個員工有上進心，不斷打破舊的協調狀態，進入新的和更高的協調狀態。如果使公關組織單純地侷限於協調狀態，並把組織的宗旨和功能僅僅侷限於協調，那就不能促進各成員的上進心，而這是不利於其成員的提高和成長。

公關人員要善於發現公關組織中的「頂尖」人物，以他的優秀成果作為動力，促進新才能的產生。公關人員還要善於發現公關組織中的所屬成員的缺點和弱點，創造條件克服或抑制這些弱點的發展。

由此可見，公關組織不只是聚集各個成員能力的機構，更重要的是要使整個組織的力量大大超過原有的個人能力的總和。

每個公司的員工都是在滿足自己生活的基本要求才會去為單位、公司創造價值，使公司逐漸發展，而作為公司領導者首先就應該滿足員工基本生活需求。

西伯拉罕・馬斯洛在一九五四年提出了人類需要層次理論，一個聰明的公關者，應該瞭解每一位下屬的需要層次，以個人需求為基礎進行激勵，從而達到更高的勞動生產率水準。

公關經理人可以採用以下的激勵要素，來滿足公關人才的不同需要

第一級：生存需要，如提高薪資、獎金、改善工作環境、定期醫療檢查、娛樂等。

第二級：安全需要，如享有優先股權、保險、職業穩定、口頭承諾和書面承諾與

晉升。

第三級：歸屬需要，如邀請到特殊場合、有機會加入特殊任務小組、有機會成為委員會成員、成為俱樂部公司員工、工作輪換。

第四級：自尊需要，如獎勵表揚、公開場合露面、為公關委員會服務。

第五級：自我實現的需要，如休假、領導任務小組、受教育的機會、承擔教學任務、承擔指導任務

瞭解公關人才不同層次的需要所要講的是一位公關者從事公關的開始，良好的開端往往能收到意想不到的效果，公關的方式能決定公司的生與死。

一九六〇年，道格拉斯・麥格雷提出了X理論和Y理論。對這一理論任何一位公關者都應當熟知並可嫻熟運用。

X理論闡述了獨裁式的公關風格而Y理論則闡述了民主式的公關風格。根據人類行為假設不論人們是否承認都存在著某些公關風格。獨裁式的和監督式的公關風格反映了理論的思想；而參與式的、民主式的公關風格，則表現了理論的思想。

☑獨裁式

「什麼也別想，只能按我們所說的去做。」

假設：工作者在思考方面受到先天性的限制。因此應對他們施加一些控制，甚至使用威脅和懲罰手段，以達到使他們生產出更多產品的目的。

☑監管式

「我們會照顧到你，但你只能做我們告訴你應該做的事」與獨裁式相比，這是仁慈的。

假設：公關者清楚他的公關人才最急需什麼？

☑參與式

「讓我們一起工作，我們需要你的參與（但是我們還具有否決權）。」

假設：正面的、自然的激勵（即報酬）和員工自發態度，促使他自己提高工作效率。

☑民主式

「讓我們平等地一起工作……，我們需要你的投入，但絕對不會濫用職權強迫你們。」

公司公關主管，是指公司公共關係部門的負責人。公司公關部門在公司經營管理中佔有相當重要的地位。公關主管作為現代公司公關部門的負責人，處於整個公司公關工作的核心位置，是參與公司經營管理決策的重要人物，是公司公關活動的策劃者、組織者和指揮者，掌握著公司公關活動的領導權，同時也承擔著公關活動成敗的責任。

公司的公關主管是代表公司進行工作。對內，他代表公司的領導決策層來協調處理員工之間、員工與部門、員工與領導者以及部門與部門、部門與領導者的關係；對外，他代表公司向大眾發佈消息、徵詢意見、處理問題、接待來賓。公關主管與公司的生產主管、財務主管、人力資源主管、行銷主管一樣，都是公司的重要管理者。

二、公關主管在公司發展中的重要作用

公關主管在處理提出問題和滿足大眾的期望時所採取的策略和行為，使他進入了自己在公司中的角色。美國著名的公關專家斯科特・艾倫・森特、葛蘭・布魯姆在他們合著的《有效的公共關係》一書中總結了公關人員的實踐，根據公關經理（即公關主管）所起的作用，歸納為四種角色，認為公關經理不同程度地擔任了其中一個角色或全部角色，但是他們總以其中一種主要角色的身分出現，這些角色決定了公關主管在公司中的地位。這四種角色是：

☑公關主管是公司進行內外溝通的執行者

在許多情況下，公關主管透過親自參與或者指派下屬人員從事撰寫、編輯新聞稿件、製作宣傳品等工作，來實現公司與內外界大眾的溝通。溝通效果的大小取決於公關主管對公司策略目標、策略決策的理解程度，以及將這些思想與內容傳遞給社會大眾的能力。公關主管並非始終都擔任這種角色，但是他的許多時間要花在執行溝通技術方面。當然，公關活動不僅限於這種角色，否則他就不能對公司的決策和社會責任發揮全面影響。

公關主管在充當這一角色時，處於大眾與公司之間的位置，發揮橋梁的作用，是一種敏感的聽眾和訊息儲存者的形象。在公司與大眾之間，公關主管是作為訊息的傳播者、政策的解釋者、輿論的控制者而存在的，工作的重點在於促進不斷變化的雙向溝通，向公司與大眾提供處理相互關係及共同利益問題所需要的情報，提供彼此接觸的機會，安排討論日程，幫助公司決策者判斷和扭轉形勢。這一角色主要從事溝通的具體工作，而不是有關公司的政策、計劃及行動等重大問題的決策。

☑公關主管是公司有關問題的解決者

在實踐中，公關主管經常與公司的其他部門主管一起來解決有關問題。從最初問題的提出到對問題的診斷和制定解決問題的方案及實施、評估的整個過程，公關主管都與其他部門主管合作，並提供諮詢服務。

例如，當公司出現產品品質危機事件時，生產主管要認真分析產品生產的各項程式，行銷主管要認真分析產品銷售管道的各個環節，公關主管在徵得公司領導者同意的前提下，積極聯繫有關媒體，將公司認真負責的態度及時地告知社會大眾，緩和大眾對公司的敵對情緒，為調查的順利進行創造外在條件。事實查清後，公關主管要透過記者會或公告的形式，將事件真相告訴社會大眾，以維持良好的公司形象。

☑公關主管是塑造公司形象的關鍵因素

形象競爭是現代市場競爭的重要方式之一，它是從以技術設備、生產能力、供應能力、價格水準等為主要內容的硬體競爭形式，以良好形象為主要內容的軟體競爭形式擴展的產物。

在現代社會中，由於經濟的發展，同類產品越來越多，產品的款式、性能、價格也越來越接近，消費者選擇產品的標準自然也就發生了變化，即由過去看款式、性能、品質、價格，到今天的看信譽、形象方面發展，這樣就必然導致了公司經營活動中的形象競爭。

在現代市場競爭中，公司如果能在大眾中樹立起良好的形象，成為消費者信得過的公司，就會在競爭中爭取到人才、爭取到資金、爭取到合作夥伴、爭取到廣大的消費者，從而獲得最大的利潤。公司要樹立良好的形象，要真正在形象競爭中穩操勝券，並不是一蹴可及的，而必須依賴於不懈的努力，即透過公關主管制定出公司的形象發展策略，策劃出公司的形象塑造方案，設計出公司與大眾聯繫溝通的方式，並主動地、確實地予以執行，方能達到目的。由此看來，公關主管是塑造成功公司形象的關鍵。

☑公關主管是解決公司內部問題的權威

在現代公司中，公關主管通常被認為是確定公司公關問題及解決這些問題的權威，有權決定公關工作的目標和方式。公關主管要自己確定問題，設計方案，負責方案的實施，並對它的成功或失敗承擔全部責任。公司領導人往往樂於把公關問題交給公關主管去解決，而自己處於相對超脫的地位。

公關主管在公司中的地位和作用是其他職能主管所不可代替的。公司面對日常大量的公關工作，例如，負責編輯宣傳公司和產品形象的刊物，向新聞界發佈公司訊息，舉行記者招待會，組織社會大眾的意向調查，廣泛瞭解大眾對公司形象的意見和要求等等，公司決策者一般是無暇顧及的，這必須有專職的公關主管進行統一策劃。

公關主管在公司組織中所處的地位，決定了他應當具備經理人的頭腦、宣傳家的技巧、外交家的風度，在公關工作方面具有權威性，受到公司最高決策者的依賴和支持，得到公司內部、外界大眾的喜歡或好感，是公關專家的角色。公司組織如何確定公關主管的人選是決定公司公關工作能否成功的關鍵。

三、怎樣才能有效地做好公關這項工作

公關主管應明確自己的職責，做好職責範圍內的工作。概括地講，公關主管在現代公司中要履行以下職責：

⑴熟悉公司全部情況，把握公司整體的經營發展策略，為各個階段的公關工作確定目標，提出具體計劃，並組織執行。

⑵在執行公關計劃、實現公關目標的過程中，審慎評估，把握時機，充分利用各項資源，確定目標中的優先點，選擇容易影響目標大眾和引起媒體興趣的問題和環節予以重點突破，為整個公關活動目標的實現開闢道路。

⑶掌握訊息傳播的規律、管道和方式，與媒體建立良好的關係。向公司領導人報告訊息傳播中面臨的問題，提出解決問題的措施。掌握外界輿論，及時採取措施扭轉對公司發展不利的輿論，抵制對立輿論。

⑷展開大眾關係調查，及時瞭解內部員工和股東的心態與動向；瞭解外界大眾對公司的反映，特別要瞭解消費者和用戶的意見和要求。要及時與公司領導者溝通情況，並注意研究調整公關政策。

⑸代表本公司向外界大眾宣傳解釋各項方針政策、重大訊息及產品、服務等有關情況，主持重要的公關專題活動，出面協調各方面的關係。

⑹親自撰寫重要的文章和稿件，如總結報告、活動計劃和新聞稿等。

⑺制定預算方案，估算展開各項活動所需的財力、物力，提交公司領導者審閱。

⑻當突發危機事件發生時，把主要精力投入到危機處理工作中去，努力把損失降低到最小程度。

⑼做好公關工作人員的管理工作，做好分工，建立職務責任制，調整每個專業人員的積極性、創造性，發揮其專業特長，主動地做好本份工作。

公關主管要想減少阻力，獲得工作上的成功，取決於自身的素質與能力，但是還有一個不容忽視的重要因素，那就是能否與公司領導者相互配合。解決這個問題應當從兩方面努力：一方面是從公關主管的角度來說，務必專於本行，精通業務；熟悉單位全體員工的狀況，能及時獲取內部任何角落的訊息；建立暢通的外界交流管道，使自己成為外界信得過獲取訊息的可靠來源，亦能及時獲取外界訊息；隨時向公司領導者彙報情況，安排需要領導者出席各種活動、演講、會議。

公關主管做到了這些，才能既得到內外大眾的信任和好感，又能受到本公司領導者的支持和器重。另一方面是從公司領導者的角度講，要真心地重視公關工作，支援公關工作；要有能力並願意與內部員工和外界大眾交流和交際；必須做到使公關主管瞭解各種事情的真相、內情，做到事前通知，直接聯繫，與公關主管建立直接的交流管道。公關主管與公司領導者之間協調一致，配合默契，是公司公關工作獲得成功的重要保證。

公關主管的下屬人員包括專門負責搜集傳遞訊息、製作宣傳品、協調內外關係、對外聯絡、接待來賓等方面的公關工作人員。他們的工作專業性強，頭緒繁多，複雜多變，要求嚴格，在公關主管的統一指揮下進行。每一位專業人員所執行的每一件事情，撰寫的每一篇文稿，甚至打一個電話，接待一位來訪者，都是實現公關計劃目標的具體表現，都與塑造公司整體形象密切相關。因此，公關主管有必要透過一定的形式，將下屬人員的職責和不同工作崗位的責任要求規定清楚，以增強下屬人員的責任心，提高公關工作的效率。

☑對下屬人員的一般要求

在現代公司中，公關主管的下屬人員應做到以下幾方面的要求：

(1)學習掌握公司經營發展策略和公司公關的目標、政策、計劃，注意搜集有關方面的訊息，並能提出建議或想法。

(2)熟悉公司內部員工、股東的情況和外界大眾的情況，主動利用各種機會進行溝通疏導工作，使自己的員工作更有針對性和實效性。

(3)不斷充實專業知識，技術上精益求精，有創新意識，不斷開創工作新局面，創造新成績。

(4)遵守職業道德和國家法律，按照公關人員的行為規範約束自己的言行。

(5)認識公司公關工作是一個整體，必須服從統一的調度指揮，不能各行其道，更不能自作主張。有些事從局部看是可行的，而從大局看是不可取的，就應該顧全大局。

☑下屬人員的職責

(1)撰寫稿件，如新聞稿、總結報告、演講稿、宣傳手冊、商業文件、雜誌文章、廣告詞、生產和技術訊息資料、公司簡介、應徵說明等。

(2)編輯出版公司內部報刊、宣傳手冊以及各種資料，如員工刊物、教學圖片等；

承制和編輯視聽宣傳物品。

(3)與媒體如報社、雜誌社、電視台、電台和新聞通訊社等聯繫，保持與他們的訊息交流管道暢通，以便使本公司提供的新聞稿得到播出和刊登。同時為新聞單位的採訪、約稿提供方便，對某些敏感性問題主動做出解釋和回答。

(4)組織和籌辦專題活動，如安排記者招待會，舉辦展覽、慶典活動，公司參觀、競賽、獎勵、慈善捐助等活動。

(5)透過市場調查、民意調查等多管道獲取全面、準確的訊息情報，並進行分析研究，使公司所制定的政策和計劃能夠適應大眾和市場的要求，組織實施計劃，評價計劃實施效果。

(6)利用多方面的知識和技術從事文藝、展覽等創造性活動，使公關活動富有藝術性和感染力。

(7)演講、談話。利用各種場合發表演講、談話，宣傳公司的政策，解釋公司的行為。

(8)聯絡接待，包括與政界人物和行政機關、司法機關的聯絡交往；接待名人及外賓的來訪；在舉行慶典活動時，安排對名人、賓客和記者的接待。

(9)出席會議，包括列席董事會議，出席生產計劃會、產品發表會，代表公司出席供銷關係會議、商貿協會會議和其他被邀請的會議。

⑽監督公司廣告業務的展開。若廣告業務歸公關部門所管，則負責與廣告公司接觸。

培訓。它主要包括兩方面的含義：其一公關人員接受培訓，不斷提高公關素質和專業技術水準。其二教育培養公司全體員工樹立公關意識，樹立良好的公司形象。

對實施公關職能的有關方面，如人力資源、預算、企劃案設計進行管理。

青英培訓版

MEMO

第三章

全方位整合公關：增強公司競爭力

第一節 行銷公關，爲公司爭取市場佔有率

一、開拓市場、促進銷售離不開公關行為

☑設定目標並規劃具體行為

廠商們經常自己發問，應設置什麼樣的公關機構，用何種方式促進銷售？開拓市場、爭取客戶的目標是透過公關解決，還是採用其他方式更為有效？要回答上述問題，就必須全面考量公司業務和市場狀況，預先估計各種可供選擇方式的效果，並判斷採取何種公關技術最為行之有效。

一旦確定了運用公關樹立公司品牌、擴大商品銷售的目標，重要的工作便是將整體目標規劃為若干具體專案，排好時間表，並做出預算。因為僅在口頭上說說是容易的，什麼時間、在什麼地點、由何人去執行何種具體公關活動，卻是另外一回事。只

有列出「清單」，才能避免流於空談，或者盲目的增加開銷，保證將要執行專案和計劃促銷活動的周密性和可行性。

☑與其他市場策略相結合

為了促進產品銷售，擴大市場佔有率，公關活動不是單獨進行的，而是與其他市場活動因素溶為一體。美國著名公關專家弗萊德・桑伯談到，通常在下述五種情形，可考慮實行這樣的結合：

⑴商標要求真實可信。一個令人信服的事實是幾乎所有訊息都從高可信度中獲得。公關活動針對性強，在提高廣告可信度方面尤為有效。

⑵訊息本身是複雜的。公關活動不同於一則預先製作的廣告，它不受嚴格的時間限制和編輯形式約束，進而更便於廠商表達完整的、或相對完整的商品或服務訊息。

⑶雜亂無章的銷售訊息已被發出。此時應當強調的是，公關活動與商品訊息發表會、展覽、廣告等促銷方式的結合，為廠商提供了一種釐清這種混亂狀況、渡過難關的好途徑。

⑷執行者本身是發送訊息的關鍵。訓練有素、技藝超群的公關或行銷人員，透過對大眾或者客戶所作的宣傳，能使人們樂於接受，並且確信他所介紹的商品功能、價

格和銷售服務等訊息。

(5)廣告本身具有新聞價值。在市場經濟高度發達的現代社會、廣告已成為大眾文化的組成部分，並經常融合於新聞之中，而公關活動恰好有助於這種做法，有時甚至可以實現廣告或其他花費更大的促銷方式不能實現的市場開拓。

☑委託代理與依靠內部相結合

不論是依靠內部人員的力量，還是申辦公關或廣告諮詢，即委託代理服務，廠商的目的在於實現內外促銷效果的相輔相成，以及銷售上的最佳搭配，以達到公關促銷活動高效性和經濟性的一致。而這種綜合應用的技術有賴於公司最高決策者的謀略、富有創造性的主題及有關的訊息資料。

美國的公司追求個性，沒有哪兩家公司運用完全相同的公關促銷策略。當公司自身欠缺經驗，或者時間緊迫、且需較高專業公關能力時，公司一般是到專門機構請求諮詢服務，或者聘用代理人。

☑關注競爭對手並與之合作

美國公關專家和市場學家一致認為：向同行借鏡，並且身體力行，總會受益。聰明的公司總是洞察別的公司如何利用公關促進銷售。譬如怎樣設置公關機構，配備人員；如何協調公關人員與市場行銷人員之間的業務關係，以期共同開拓市場和擴大客戶……，並借其成功之處。

在公關業務和其他銷售業務中，大多數美國公司情願與同行妥協甚至合作，以求利益分享，而儘量避免引發激烈矛盾或者衝突，造成兩敗俱傷。對兩家公司同時有利的公關時機，可能成為某種良好的轉機。

例如將本公司的產品或服務公諸於世，對另家相關公司的產品和服務同樣會產生「曝光」作用，為拓展雙方交叉、重疊的市場，公司應充分評估對合作有益的公關專案的潛力。

☑評價公關效果且持續努力

現代公關學將公關實力分為調查、策劃、執行、評估四個相關步驟，並強調評估的重要性，美國公司公關專家更進一步指出：如果財力許可，應盡力設法建立所需公關項目的效果度量，尤其是促銷效果度量，即使財力有限，也不要省去評估環節。否則可能降低了一個公關項目的可信度。要做出客觀準確、合乎邏輯的效果評估，必須以市場狀況及大眾印象的改善為尺度，而這又建立在廣泛收集大眾（首先是客戶）反應訊息的基礎之上。

展開公關活動並促銷成功的美國公司，從大量實踐活動中認識到，公關活動不同於一般的生產和銷售工作，它的效果很難在短期呈現。美國公關專家告誡說，展開一兩次公關活動而未見明顯成效，譬如銷售額未有顯著上升，便認為公關實踐對促銷無效，從而棄之不用，是錯誤的想法。公司應克服急功近利心理和短視行為。

公關促銷的根本祕訣，正在於向著既定目標持續不懈的努力。大眾初次聽到某個消息，可能並不立即做出反應，但反覆收到公關活動發出的同一商品和服務訊息，對公司和產品有了信譽，便不知不覺加入到客戶的行列中。這裡，需要的是耐心和高超過人的技巧。

公關是公司在運作過程中十分重視的一個促銷工具，公關的實質就是推銷公司。「微軟」名揚四海，一方面在於公司的產品與實力，另一方面與比爾・蓋茲頻頻的巨額捐款，樹立良好的大眾品牌不無關係。

當今公司的聲譽重於一切，推銷公司是推銷產品的更高一個層次，它的影響力更大。公司通常為了製造強大的聲勢吸引眾多顧客的注意，往往煞費苦心地縝密策劃去創造名聲，希望利用良好的聲譽打開市場局面。可以說品牌原則和信用原則成為了公司經營活動的首要原則，成為公司在市場競爭中抓住客戶的極其重要的方式。

採用公關策略進行促銷主要可以採取以下幾種公關工具：

(1)新聞。公關專業人員一個非常重要的任務是發現或創造對公司、產品以及人員價值的新聞。

(2)公益服務活動。公司可透過投入一定資金和時間用於公共事業，以提高大眾信譽。

(3)演講。演講是擴展產品及公司知名度的另一工具。公司負責人應經常透過宣傳工具展示個人魅力。

(4)事件。公司可安排一些特殊的事件來吸引媒體的關心與注意。

(5)公司身分識別。在一般情況下，透過公司的資料而獲得的印象散亂且不利於強化公司身分與品牌識別。因而透過公司標誌、招牌、名片、代表性建築物、制服和車輛等實體，可強化人們對公司的印象並成為一種行銷工具。

(6)書面資料。公司廣泛藉助書面資料來聯繫和影響目標市場。這些書面資料有：公司宣傳資料、年度報告、公司經營通訊和各類刊物。目的在於讓目標顧客知道並瞭解所受服務的特點。

(7)視聽資料。諸如電影、幻燈、錄影帶和錄音帶等視聽資料越來越多地被利用做傳播工具，其成本往往高於書面資料但影響也比書面資料大。

(8)通訊、網站訊息工具。藉助現代傳輸工具和訊息平台，公司可更直接和快捷地與潛在客戶和現有客戶建立溝通管道，並為客戶提供更有效的服務，對未來房地產行銷來說，這種交流方式將是達成交易的第一步，應特別注意。

二、出其不意的佔領市場

在競爭如此激烈的社會，要想佔領市場必須有強大和有效的公關。市場佔有率不是從天上掉下來的，而是透過公關爭取而來的。

☑營造氣氛

澳大利亞的一家發行量很大的報紙某一天在報紙上用大約二分之一的版面刊登了一則廣告。廣告很樸實，只是說明日本「星辰」鐘錶公司在某天將用直升飛機向首都某廣場投擲大量的星辰錶，拾到者免費贈送。這則消息在全國引起了轟動，那天果然無數的人來到廣場上。直升機也確實投擲下了大量的手錶。澳大利亞人被日本人的神話所征服，星辰錶旋風般佔領了澳洲市場。

從這個案例中可以看到，營造氣氛，造成轟動效應，不失為公司引起市場注意的策略。

☑製造新聞

各式各樣的傳媒已經刺激大眾的感覺近乎麻木，要達到預期的公關效果，必須要做到「新、奇、特」。有一家食品公司在作全球推廣的時候，細心研究民風民俗，每到當地的傳統節日，就會在電視節目中播出如何用公司食品為原料製作當地美食，收到了良好的效果。

☑新穎別致

義大利皮富特汽車製造公司每年都要印製精美的掛曆，贈送給世界名流。以前都是以十二位世界美女為內容，年年如此，效果並不理想。後來該公司改用中國的十二生肖為題材，因為他們認為世界上有五分之一的人都使用這種古老的生肖。果然，獲得了不錯的公關效果。

☑藉物推銷

有「推銷大王」之稱的日本豐田公司營業員推名保久，把自己的名字、電話、通訊方式等訊息寫在一個特別的火柴盒上，遇見客戶，送上一個精美的火柴盒，點上煙，常常給對方留下深刻印象。

☑創造流行時尚

如果你的產品不是時尚，那麼你就把它做成時尚，這是最根本的方法。美國的一個小布商露得華新購進了一批樣式精美的布料，為了讓大家接受它，他找到了幾位有名的貴婦人，推薦他們在當地的活動上穿上這種布料做的衣服，果然引起眾人矚目，紛紛打聽這種布料在那兒可以買到，露得華因此大賺一筆。後來露得華應聘到盧貝克公司，而且業績非凡。

三、公關行銷事半功倍

近年來，隨著市場競爭的日趨激烈，公司行銷手法不斷發展。其中以公司品牌、產品品牌等為核心來展開的行銷活動——「品牌行銷」，已越來越受到各公司的青睞。

☑為你的公司找到定位

有效的品牌行銷是建立在準確的品牌定位基礎之上。而準確的品牌定位又是以準確的策略定位為前提。

在確立公司的方向時，必須避開多元化的陷阱。這些年市場有一種傾向，即公司越大越好，跨的行業、地區越多越好。殊不知，缺乏核心競爭力的多元化，不僅無助於公司競爭力的提高，而且從品牌行銷的角度來看，它還會使公司品牌模糊不清。

公司必須清楚要把自己的主力用在哪裡，需要專注，有焦點，應把資源集中放在培養核心競爭力、開發核心產品上，發展出自己的流程和技術，並且把品質標準提升到世界水準，到國際上競爭。只有公司的自我認知清楚，策略定位明確，才能確立準確的品牌定位。

☑為你的產品打造光環

「改革大師」喬治亞大學教授羅伯特說過，「公司革新關鍵在於價值觀重塑」。因此，要想成功打造光環，必先從革新意識做起。

首先，必須建立「品牌行銷」的觀念。在買方市場下，由於消費者的消費觀念發生了變化，消費者所購買的或者說公司所銷售的不僅僅是商品，也包括商品及公司所具有的品牌，實際上是以產品為核心的一個系統。

其次，要輸入新的競爭意識。公司靠什麼競爭，在市場發展的不同階段，競爭的手法和形式是不同的。品牌行銷的生命力就在於，透過為產品打造光環，來提高產品及公司的競爭力。

再次，要認識到「光環不等於廣告」。在打造光環的過程中，一定的廣告投入是必要的。打造光環的途徑不只是做廣告，行銷的每一個環節都是打造光環的過程。光環是透過包括廣告在內的各種行銷手法、在行銷的各個環節中逐步累積而成的綜合效應。

最後，要認識到光環效應不是靜態的，而是動態的，是可以增加和放大的。行銷過程應該是光環效應累積的過程。公司透過品牌行銷，可以將產品行銷提升為品牌行銷，將單品行銷發展為系列行銷，將產品品牌行銷提升為公司品牌行銷，並進而以公司品牌行銷帶動產品行銷，最終提高公司的市場競爭力。

☑為你的品牌尋找捷徑

從公司、品牌、商標三者的互動關係角度來看，「三位一體」策略的實現途徑大體有以下三種：

(1)「商標、品牌主導型」。對於因歷史等原因擁有著名商標、品牌，但公司名稱卻與商標、品牌互不相干時，公司可將三者名稱統一起來，以商標在消費者心目中的品牌來帶動公司品牌的提升。

(2)「公司品牌主導型」。如果公司具有較高的知名度，可將公司名稱應用於品牌及商標上，以此帶動品牌及商標品牌的提升。如一些擁有金字招牌的「老字型大小」公司，在進行產品和品牌開發時，可重點考慮對金字招牌這一無形資產的挖掘和利用。

(3)「同步培育型」。對於一些專業化經營的新公司而言，可在公司成立開始，即將公司、品牌、商標三者統一起來，同步培養，共同提升。

第二節 政府公關，爲公司贏得更大的發展空間

一、怎樣運用公關行為與政府建立關係

任何國家市場都離不開政府的控制，良好的市場環境也包括良好的政府環境，政府公關在其中有著重要的作用。

美國是一個高度組織化的社會，在美國存在著各式各樣的社會團體，他們往往在某個特定的領域有自己特殊的利益。據統計，美國現有非營利的社會團體有上萬個，基本上每十個人中就有一個參加一個或一個以上的社會組織。在這些組織中，有數千組織按照美國法律向國會註冊，試圖對國家決策施加影響，它們就是所謂的利益團體，或稱為院外集團。

不過，真正能夠在美國政治中產生較大影響力，並發揮突出作用的也不過四百～

五百個。由於早期對國會議員遊說，必須要等國會休息時才能在國會外的走廊上進行，所以他們又被稱為「院外集團」，利益集團按照屬性可以大致分成三類：

(1)政治性利益集團，如各州中普遍存在的公民協會以及關心特定的政策如涉及猶太人、中東、古巴等的團體。

(2)經濟性利益集團，如工會、經理人協會等。

(3)具有一定社會目的的利益集團，如道德重整會、槍枝管制協會、環境保護組織等等……。

這些集團通常透過委員提供各種日常服務以及不定期的集會來吸收會員，傳播訊息和主張，吸引社會注意，增加組織的影響力。為了達到目的，他們經常向國會及政黨領袖施加各種壓力，所以它們又被稱「壓力集團」。

院外團體怎樣影響政府？在美國國會、行政當局和利益團體之間存在著一個非正式的三角關係。雖然有時某一任總統或某一屆國會曾試圖改變這種關係，但很少有人懷疑利益團體在滲透美國政府方面的能量。

大致來說，美國利益集團影響政府的方法有兩種。一是透過政治獻金，支持國會議員和總統當選，進而影響政府決策。二是向國會議員和政府官員進行有針對性的遊說，並藉助媒體，使得一項具體政策被通過或被拒絕。

在首都華盛頓的遊說組織很多，如美國商會等有組織的遊說機構，也有成千上萬的選民、卸任議員及其助理、卸任行政官員和公關專家組成的遊說公司，被一些利益團體所聘用為一項具體法案而遊說。也有為大學、州政府、地方政府甚至外國政府工作的遊說公司。

對美國政府的遊說一般分為兩種。一種是內部遊說，一種是外在遊說。內部遊說較為傳統，一般透過遊說人和國會議員或行政官員的私下接觸。成功的遊說專家必須有接觸重要決策者的機會，有一系列的關係網，精通政策制定程式，有華盛頓生活的經驗並且必須經濟實力雄厚。前議員、前官員甚至一些高官的兒女都在華盛頓透過私人關係為一些商業團體進行遊說。

金錢是成功遊說的根本保證。雖然不能直接賄賂，但可以透過邀請議員們到一些昂貴的旅遊勝地開會和參加慈善性質的活動，請他們去打高爾夫球、舞會、郊遊等各項活動，來瞭解法案制定的內幕，最終達到影響決策的目的。

近年來外在遊說也發展很快。這種遊說不是集中在華盛頓而是作「草根性」的遊說。許多組織號召起自己的會員在外地來喚起或影響大眾，透過向議員寫信、發電報、利用當地媒體宣傳自己的主張等方式，從外在對議員們產生壓力。由於絕大多數議員們都希望連任，這種來自外界的呼聲經常能得到議員們的重視。

由於遊說政治的需要，美國政治制度中發展出一種特殊的機制——政治運作委員會制度。這是由各行業團體、商會、貿易商會、工會等組成的組織。他們向利益團體收取會費，統籌捐款給議員候選人，換取他們在當選後以其職務上的許可權來回饋捐款團體。也就是說，用金錢購買對立法的影響力。

網際網路時代的到來，使美國的遊說活動又出現了新的特點，越來越多的利益團體開始在網上活動。網路成為了利益團體和許多非政府組織（非營利組織）遊說的便捷而又成本低廉的工具。

許多單一目標的遊說組織通常只有幾個人和一部電腦，但他們可以透過網路跨越國界，宣傳自己的主張，招攬會員，結識盟友，向政府和地方議員施加壓力。這些組織的影響力日益增大，他們甚至稱自己為公司和政府之外的「第三部門」。

遊說團體通常採用第二種方法，即對具體問題向國會和行政當局進行有針對性的遊說，並藉助媒體力量，造成一定聲勢，推動和阻止某一項政策的通過。利益團體在這種關係中有時會幫助行政當局為某一項政策遊說國會，有時又會幫助國會向行政當局施壓，完全因問題而異。

二、協調政府關係，創造良好的外在環境

政府對經濟進行干預是當今世界各國通行的做法。出於國家整體利益的考慮，政府要透過立法、行政和經濟等方式對社會經濟生活實行控制和管理，因此公司的經營活動必須要受到政府有關規定的影響。在現代經濟中，政府扮演著多樣且十分活躍的角色。作為公司的公關經理人，應該明確對政府的公關在公司的發展過程中扮演的重要作用。

首先，政府是個調節器。無論是從法律還是從經濟計劃的角度，也無論是對一個具體的行業還是宏觀上的全盤佈局，政府，都是在從事某種協調和指導的巨大調節器。

其次，政府是貸款來源。雖然不是唯一的但是卻是重要的來源。儘管在橫向經濟中，公司透過自籌、聯合甚至發行股票等方式籌集資金日漸增多，但政府的貸款在份量上還是佔有相當比重的。而且政府的貨款，無論是利息率還是償還條件，一般都是較為優惠的。所以，能夠爭取到政府的貨款，對公司是一個福音。

第三，政府也是資訊來源。政府是社會與經濟統計資料的集大成者，這是誰也無

法企及的。此外，政府各主管機構印發的資料、檔、各行業審計與統計資料，各類工作年度報告以及各種公開出版物，都可能對公司有參考價值。一個公司想瞭解同業狀況、學習先進管理經驗、尋求橫向聯繫夥伴，不妨請求政府幫助。

最後，協調與政府的關係，獲得政府的支持和幫助，對公司成功地開展國際市場行銷具有十分重要的意義。國家之間諸如配額制度、進口許可證、包裝條例、安全標準等形形色色的非關稅限制，公司開拓國際市場，困難重重。在這種形勢下，密切與政府的合作，透過利用政府的力量去打開國際市場的大門，改善行銷環境就愈顯得重要了。世界貿易組織下的多邊貿易談判實質上就是各國政府角逐的競技場，談判達成的協定對各國公司都有至關重要的影響。

在處理與政府的關係上，國際優秀公司都抱著積極的態度，遵循國家的法規，協助研究國家所面臨的各種問題的解決方法和途徑，保證公司行銷的成功。

三、公司公關有效影響立法

公司政府公關的目的，是向國家公共權力機構施加影響以維護自身利益。當一個集團確定了自己的要求後，就要把這種特殊的要求傳達到政策中心，對公共政策的立法過程施加影響。在現今大部分的國家，利益集團為影響立法過程活動的主要對象是議會。為實現其目的，利益集團採取的活動方式是多樣的，概括起來，主要有以下幾種：

☑政治遊說

遊說是指利益集團的代表向議會議員進言，說明他們反對議會某項法案的原因，指出如果議會堅持這一立法可能有什麼困難和不良後果，然後建議議會採取別的做法，並強調這些做法的好處。

在立法機構有獨立立法權的國家，如美國，遊說是一種被廣泛使用的方式。透過遊說說服議會議員，可以使他們投票贊成或是反對有利或不利於集團的議案。

☑公開行動

公開行動的形式包括投書電台、報社、公開演講、張貼標語和舉行記者會並向記者提供新聞和真相，由電台、雜誌、報紙等加以報導。採取這種方式試圖影響立法過程的利益集團，其目的主要在於製造公共輿論，爭取民眾支持，進而造成這樣的印象。

他們對議會立法的反對意見獲得廣泛的同情，議會不做出讓步是沒有道理的。利益集團不僅可以利用公共輿論鼓動民眾支持自己的主張，從而以「民意」影響議會立法。而且，透過大眾傳播媒體形成的公共輿論，也會影響議會議員對現實情況的認識，而影響他們的決定：是延續還是調整亦或是徹底終結某項立法提案。

☑遊行示威

在一個和平穩定的社會裡，採取暴力的方式迫使議會改變立法議程，不僅得不到大眾的支持和回應，反而會遭受人民的譴責。因此，利益集團一般不採用暴力方式而是利用和平示威的方式向議會請願。

當一個利益集團（如工會）人數眾多，支持者眾多，影響極廣時，大範圍的和平示威往往能形成壓力，促使議會做出妥協和讓步。

☑停止合作

這是與議會有密切合作關係的利益集團經常採用的一種方式。他們透過停止提供議會所需要的合作，或是只是暗示可能打算停止提供合作向議會施加壓力，就可以影響某一領域的立法。如各國的警官協會、公務員工會、電力公司協會或武器製造商協會等。

這種方式類似於罷工的作用，會使議會在某一方面的職能陷入困境或是癱瘓狀態，因而往往十分見效。這也使各國議會在決定這些領域內的立法時格外小心謹慎，唯恐一著出錯，全盤皆輸。

因此為了在市場競爭中佔據更加有利的形勢，不僅要遵守各項法律法規，更要積極的影響立法，在國家意志中儘可能的實現公司利益，這是對公司公關提出的更高的要求。

第三節

如何策劃和實施公關專案

一、建立科學的公關策劃系統

☑確定公關目標

確定目標是公關策劃的首要內容，沒有目標一切都無從談起。公關目標體系包含不同類型的目標，一般有以下幾類：

(1)矯正性目標，這是改變大眾對公司的印象、成見或看法的目標。

(2)建設性目標，這是指在創辦改制聯合時或在技術經濟發展過程中，為爭取更多的大眾，樹立公司品牌而設立的公關目標。

(3)一般目標，這是根據大眾的要求、意向觀念或行為的統一性而制定的目標。

☑選擇公關對象

公關活動的對象是具體的大眾，而公關問題的起因主要是沒有處理好公司與大眾的關係。公關就是要縮短公司與大眾的距離，而選擇目標大眾物件是為目標達成所設立的條件。

所謂大眾是指與特定的公關主題相互作用的個人、團體或組織的總和。他們具有以下五個特點：即團體性、共同性、多樣性、變化性和相關性。如何選擇公關對象對一個公司來說是非常重要的，所以在選擇對象時要分清自己的目標，劃分重要公關對象和一般公關對象；收集公關對象的各種訊息；分析公關對象的活動規律等。

☑制定行動方案

在公關的目標和對象確定之後，就要制定具體行動方案，一項重大的公關活動在具體實施中，都是由一定的主題和呈現主題的專案組成，由一定的策略指導，並在一定時機執行，才是一個活動的整體。

在制定行動方案時，要考慮四個方面的因素：主題、專案、策略和時機。制定行動方案的具體步驟如下：先設計好公關活動的主題，再確定具體的公關活動項目和公關策略以及對公關活動最佳時機的選擇和把握。

☑編制活動預算

對大眾所需人力物力財力的貨幣反映，是策劃的一項重要內容。它包括行政開支（薪資報酬、管理費用、設施材料費用），專案開支（如贊助費、調研費、場地租用費、接待費等）。

確立公關活動預算總額的方法有以下四種：業務結算法、實際結算法、量入為出法和目標先導法。

二、公關評估，實現公關的最佳效果

「許多公關活動的唯一致命弱點，就是沒有使最高決策者看到這一活動的明顯效果。」對公關活動進行科學客觀全面的評估，可以增進公關的效果；瞭解公關是否能協助公司達到經營目標；掌握未來公關的方向；作為未來公關策劃的借鑑；獲得更高的成就感。

在激烈競爭壓力下的現代公司，其管理者越來越強調要對使用公關項目上不斷增加的資金進行經濟效果分析，他們經常要求公關代理人以可以測量結果說明公關投資的收益情況。由於目標管理概念在管理學上的發展，效果評價變得越來越重要。而對於公關人員來說，如何評估公關成效也是他們最關心的問題，因為他們需要使客戶瞭解他們的「心血」。然而，公關活動是很難精確測量的，其效果評價很早以前就已成為公關人員面臨的一大難題。

美國財富雜誌曾對公關人員進行一次調查活動，竟得到了這樣令人吃驚的結果：「多數公司僅僅透過幾個量化指標去評價公關效果，而大多數公關人員害怕公關效果測量」。甚至有一些人認為評價公關僅僅是為了使得公司上層管理者加深對公關的理解。之所以會這樣，原因在於公關人員對公關評價效果工作認識不清，而公司管理者也對如何真實有效地評價公關效果思路不清。

☑有價值的公關效果評價應包括的步驟：

(1)根據公關所解決的問題確定評價目標。因為在許多公司中，效果評價成了對公關人員已做了哪些工作的回顧。這是一種「虛假的評價」，原因就在於效果評價的目標不明。

(2)從可測度的角度將目標具體化。要將效果評價的目標進行分解，使它更加具體。

(3)選擇適宜的評價標準。就是將需要評價的內容轉化為可測量的具體指標，實際上仍是對上一個步驟的結果進一步具體化的過程。

(4)收集必要的資料。按照所確定的評價標準收集所需要的資料，使標準具有反映事實的實際意義。

(5)資料分析。有了所需要的各種資料，公關人員就能夠得出本次公關活動效果的綜合評價。

(6)效果評價結果的運用。得出評價結果後，要將這一結果向管理者報告，這應成為一項固定的制度。這樣可以保證公司管理者及時掌握情況，有利於進行全面的協調。

☑公關效果評價的十個層次：

(1)發送訊息的數量。

(2)訊息為傳播媒體所採用的數量。

(3)訊息理論接收者的數量。

(4)注意到訊息的大眾數量。

(5)瞭解訊息內容的大眾數量。

(6)改變觀點的大眾數量。

(7)改變態度的大眾數量。

(8)實施期望行為的大眾數量。

(9)重複期望行為的大眾數量。

⑽達到的目標與解決的問題，社會與文化的改變。

尤其是對於新興產業公關效果的評估更是一個新的課題。特別是對於網路的公關評估更是一個全新的課題，應該注意：

(1)發送訊息的數量是公關效果評價的基礎性訊息，這通常是在公關活動實施記錄中可以精確得到的。如提供有關報紙媒體的報導版面和讀者構成，電子媒體的傳播時段，以及大眾的報告。

(2)瞭解訊息接受的大眾數量要比瞭解發送訊息的數量要困難得多。但也可以透過某種專門電子儀器或電話訪問來得出有關收聽率，收視率，閱讀率等各種資料。例如，美國丹尼爾斯塔奇創造著名的印刷廣告閱讀程度測定方法，將人的閱讀理解程度分為注意、認知、熟知三個層次。

(3)在其他行銷條件和行銷工具（廣告，市場推廣等）基本不變的情況下，估算公關給公司的知名度，好感度帶來多大程度（百分比）的改善，對銷售額和利潤是否產生積極的成長作用。

(4)「發生期望行為的大眾數量——行為改變」，這是公關效果評價更高層次的一個指標。即是公關活動對大眾行為產生的影響進行量化指標的方法。

(5)「達到的公關目標與解決的問題」，可以說是對公關活動效果的最後總結。但必須看到公關活動的效果一般具有複雜性和滯後性，即是它必須與廣告，銷售推廣等市場行為協調作用，才能發揮最大的效用。而且公關往往與公司中長期的發展目標相聯繫，而不可能立竿見影，以避免公司對公關代理有不切實際的期望。

MEMO

第四章

媒體管道決定公關成敗

第一節 善於運用各種媒體是實現公關的要件

一、媒體是公司發展不可缺少的公關武器

當今社會是資訊時代，傳媒是構成「資訊時代」的重要橋梁。公司的發展離不開傳媒的作用，成功的經理人，充分注重、合理利用傳媒，達到「雙贏」之目的。公關自然也是和傳媒緊密結合在一起的。

利用傳媒發佈訊息，突破了「廣告」禁區，這是公司利用傳媒的初級階段。在第二階段，公司與傳媒形成多種合作關係，如開記者會，用有償的方式約寫公司宣傳題材、出版公司書籍、拍攝公司宣傳片等等。現在，公司與傳媒的關係，應該進入一個新的時期。

這一時期，有一些新的特點：

公司不再以短期行為與傳媒建立合作夥伴關係，傳媒在現代經濟中具有雙重身分，一方面它是訊息傳遞的橋梁，大眾透過傳媒發佈和獲取訊息。另一方面，傳媒是公司公關的工具。大眾要瞭解公司，只能透過傳媒。因此，在與傳媒的長期合作中，公司的智慧與誠心是十分重要的。

☑公司自覺接受傳媒監督

公司絕對不能企望傳媒報喜不報憂，更不應花錢賣新聞。明智的經理人是不護短的。每一個成功的公司都有薄弱環節，都會有漏洞，越是不護短的公司越有發展前途，越有市場聲譽。

有一家空調設備公司，受到消費者在傳媒投訴說冷房功能差，該廠家立即組織科研公關，並公開表示無償更換產品。結果使這公司在該地的銷售量大增。

☑全面調整傳媒方式，形成立體式宣傳

以往的傳媒方式有限，現在的傳媒是十分豐富的。眾多的報紙、雜誌、電視台、有線電視、廣播電台、網路等等，不一而足。各種傳媒有自己的長處，有不同的消費群，因此，公司除了作必要的選擇外，還要有全面覆蓋的傳媒策略意識。尤其是當新的傳媒出現的時候，更要加以關注。

☑公司自辦傳媒

不少公司越來越意識到自辦傳媒的重要性，在跨國的大公司中，都刻意建立自己的傳媒或參與傳媒投資。部分公司注重了辦公司刊物，這是一大進步。但是，有的公司的自辦傳媒視野還不夠開闊，公司刊物的品質不高，對新傳媒的敏感度不強。因此，公司傳媒應重視與大眾傳媒及專業網站聯盟，以提升自我，揚己所長。

☑公司注重公關人才

公司發揮傳媒效應，除了藉助社會傳媒機構人才作用外，還需要有自己的人才，傳媒人才應該是公司公關人才的重要組成部分。有了專業的人才，公司才能在與傳媒的交往中處於有利的地位。

公司與傳媒的關係日益密切，傳媒素質不斷提高，但是有的公司在傳媒工作上意識陳舊，思路不寬，有的更是用心不良，適得其反。主要表現在：

(1)短期行為。對傳媒只是利用，有用則昌，無用則亡，沒有建立起長期良好的合作夥伴關係。「臨時抱佛腳」，公司出了問題，才想到利用傳媒去補救。這樣使得公司是被動的被傳媒所牽制，而不是主動的和傳媒合作。

(2)濫用傳媒。公司是需要藉助傳媒發佈消息的，但是所發佈的消息必須是符合法規的、準確的。如果公司為了短期的盈利，而散佈對自己有益的好消息，其結果必然是損害自己的大眾形象，不利於公司的長遠發展。

(3)抗拒監督。質檢部門每次公佈品質檢查結果後，有很多不合格產品的公司並不是公開承認錯誤的，而是在掩飾錯誤，這實是抗拒輿論監督，造成和傳媒的關係惡化，使公司的對外公關陷入困境。

(4)搶灘意識淡薄。對新的傳媒方式缺乏搶灘意識。網路方興未艾，但是公司看不到傳媒的發展趨勢，不熱心投入或參與。使得公司的公關無法與新興技術相結合，落後於科技的發展。

總之，現在公司的發展已經離不開傳媒的作用。公司與傳媒的關係，不是一般意義上的公關，而是公司策略的重要內涵，是公司文化的重要支柱。為此，現代經理人是需要認真重視了。

二、充分瞭解可以運用的傳媒

媒體是我們獲取訊息，發佈訊息，進行交流的管道，也是我們進行公關的媒體。隨著科技的發展，媒體越來越多樣，我們可以使用的公關工具也越來越多。

☑語言傳媒

語言是最基本的傳媒工具，是我們用口頭方式傳遞訊息，主要形式有：回答記者問題、與員工談心、內外談判、各類演說和為賓客致迎送詞等。

語言交流的好處是簡便、親切、易於控制、生動等，可以和員工、顧客、大眾進行面對面的交流。但他也存在著很多不足，如說話稍縱即逝，受時間和空間的限制，需要及時理解等。

☑印刷傳媒

印刷品包括圖書、報紙和雜誌。圖書容量大、形式規範，便於閱讀和保存。報紙可選擇性強，易製作，成本低，傳播迅速。雜誌則有比較穩定的讀者群，內容排版靈活多樣，伸縮性大。

同時印刷品也具有共同的缺陷。如實效性差，尤其是圖書往往是滯後的，雜誌也常常跟不上事情的發展。公司利用印刷品可以做長期的宣傳，而短期快捷的發佈消息卻是不合適的。

☑廣播傳媒

廣播主要透過聲音直接進行訊息發佈和傳播，速度快，訊息多，滲透性強，成本低。但只有聲音往往達不到直接感官上的認識，缺乏強有效的衝擊力，而且廣播的聽眾往往是有區別的，在公司公關的時候也需要認真考量。

☑電視傳媒

電視是比廣播更加具有視覺效果的媒體。他的優勢在於：現場傳真性，獨特的視覺效果，品牌強度，內容豐富。但電視也受時間限制，而且操作複雜，價格昂貴。

☑網路時代的公關傳媒

網路是高新技術發展的成果，它具有更強的實效性、時空上的無限性、平等的參與性、服務的個性化等傳統媒體無法比擬的優勢。

可見不同的媒體，各有其優勢，公司必須根據自身公關的需要，選擇合適的媒體。

我們來考察一下塑造公司品牌時選擇媒體的方式和方法，及其可能產生的實際效果。倘若長期使用平面媒體（如報紙、刊物等），對公司提高技術品牌無疑是最好的選擇；反之，如果選擇電視、廣播媒體的話，將會有助於公司塑造市場品牌形象。久保田鐵工公司和井關農業機械公司在選擇媒體時，前者選用了平面媒體，後者選用了電視媒體，其結果是，久保田鐵工公司的公司品牌以明顯的技術品牌取得了成功，而井關農業機械公司則成功地塑造了市場品牌形象。新力公司在相當長的時期內選用了平面媒體，雖說後來也開始使用電視媒體，但重點仍是以報刊為主，所以公司的公司品牌仍以技術品牌為主。

松下電器公司起初著重塑造市場品牌形象，但產業製造商應該把握的是技術品牌。有鑑於此，這家公司便委託松下國際宣傳研究所全面負責公司的廣告企劃，一旦有了好的創意，幾乎是無限制地在報刊上大量刊登。人們可以清楚地看到，松下電器雖說在一定時期內傾向於使用電視媒體，但現在他們更重視報刊媒體。

在公司的外觀品牌中，像「規模大」、「傳統性」、「可信賴度」、「穩定性」等幾個主要因素，從詞語上理解，容易使人產生古板的印象，但從日本人保守的性格看，這些詞語所包含的真實意義對於公司來說反而具有現實性了。

社會公認一流的公司，其外觀品牌一般也都很強。例如，生產基礎材料的新日鐵公司，機械製造業的三菱重工，金融業的日本銀行，電器業的日立公司，食品行業的味之素，化纖業的帝人公司等，可以說這些公司已經成了日本各行業的代表品牌，公司的名稱已經成了各行業的代名詞。

換句話說，這些公司完全有資格、能力成立基礎材料博物館、機械博物館、食品博物館。因為，公司成立的博物館肯定要冠以行業的名稱，只有這樣公司塑造的品牌才有資格代表行業，也才能佔有支配市場的地位。所以，極其活躍的華歌爾公司想籌建服裝博物館的理由也就有了根據。如果我們把這一舉動解釋為公司的公關策略，那就更容易瞭解華歌爾公司的真正用意了。

那麼，人們會問，公司的市場品牌能不能透過各種文化活動來形成呢？前文已經提到過，電視媒體是塑造公司市場品牌的有力方式，公司可以透過電視贊助文化娛樂或體育運動來塑造品牌。

很多公司相當熱衷於贊助各類活動，從整體上看，這些贊助活動大都符合公司的品牌策略需要。但也有盲目的、不恰當的做法，比如說，幾家公司共同贊助馬拉松比賽，事實上，消費者是不可能有意識地去記住幾家贊助公司的名稱的。

還有一點需要明白的是，在決定贊助某項活動時，一定要有長期的準備和計劃，只憑著心血來潮贊助個一年、兩年便半途而廢，這對公司品牌不會有多大的益處。

三、打造暢通的媒體通路可加快公司成功步伐

在市場行銷運作中，大家都認識到了銷售通路（管道）建設的重要性，並投入了相當的熱情和努力。然而，另一條重要性絕不亞於銷售管道的通路建設卻被很多人忽

視了，這就是媒體通路。

媒體通路簡單說就是長期地、真誠地、有計劃地建設並維護與媒體的關係，逐步構築一個以公司為中心的媒體網路，在新聞、宣傳和廣告方面達到「溝通」和「共識」，互相促動，互為需求，共同營造「關心、關注、關照」的理想境界。

其實，無論是傳統行銷理論四中的「促銷」要素，整合行銷傳播理論四中的「溝通」要素，還是行銷新論四中強調的「關係」要素，其實都有賴於媒體通路的建設，尤其是現時流行並很實用的「傳播即行銷」觀念，更加突顯了媒體通路的重要性。媒體通路與銷售通路同等重要，必須同等重視。

有人意識到了媒體的重要性，但沒有提升到把媒體列入通路建設的高度，於是出現了與媒體合作的功利性、暫時性，甚至虛偽性。因為喪失了「溝通」的真誠、長期和及時，在「共識」一旦受到衝擊的時候，媒體帶給公司和個人的負面效應就會以一種不可抗拒的力量雪上加霜，這方面的例子很多。

所以，我們這樣明確地表述「媒體通路」思想：

(1)媒體宣傳不僅僅是硬性廣告發佈的問題，更是一個通路建設的問題。

(2)媒體通路是與銷售通路並重的重要管道。

(3)媒體通路不是只有一、兩個朋友的問題，而是一個網路的建設和維護問題。

(4)媒體通路需要專人負責，需要時間培育，需要耐心和真誠去建立。

(5)媒體通路建設的好壞，將直接影響今天的市場和明天的公司命運。

如何建設和維護媒體通路？這不是方法和方式問題，而是一個觀念、意識和態度問題。公司建立媒體通路的做法是：

(1)把媒體通路建設列為第一要務，總經理親自掌控並配套成立專門機構——媒體推廣中心，杜絕只在「作秀」和出現危機時才聯絡媒體的「公關」做法，把媒體關係列為日常工作，是細水長流的「公共」建設和維護。比如，總經理經常陪同媒體記者參觀研發中心、生產中心，而且在一個大的行銷發表會，會邀請並傾聽部分媒體記者意見，誠懇交流。

(2)在媒體通路建設過程中，時刻注重媒體需要大於公司需要。隨時注意發佈公司的重大新聞，吸引媒體的注意力，發掘能夠引起媒體興趣的新聞事件，不可讓媒體遺忘了自己。

(3)建設媒體通路必須堅持的基本原則是「真誠」。媒體代表著大眾，只能努力「溝通」，不能設法去「操作」。在真誠地面對消費者之前，要先真誠地面對媒體。我經常和各地的記者朋友見面，無論是公司順利的時候還是遇到阻力的時候，我努力保持一種連貫的坦誠，我認為真誠的基礎就是真實。

總之，成功的市場公關一定有賴於有效的媒體通路建設。媒體通路的品質，決定著市場行銷的品質和地位，進而影響著一個公司、一個行業甚至一種經濟形式的生存狀態和發展趨勢。

無論「請消費者注意」還是「請注意消費者」，媒體通路都是公司和大眾溝通的最好橋梁，是公司走向成功的大道。

四、公關活動模式選擇

公關活動模式是公關工作的方法系統。公關活動模式具有明顯的適應性，不同的公司，同一公司的不同發展階段，或同一階段中針對不同的大眾物件，都需要選擇不同的公關活動模式來進行活動。常見的戰術型公關活動模式有：

☑宣傳型公關

即運用大眾傳播媒體和內部溝通方法，展開宣傳工作，樹立良好的公司品牌。如公司報刊、演講討論會、各種新聞媒體等。宣傳型公關要注意宣傳的真實性，同時不

要引起大眾排斥心理

☑交際型公關

即透過人與人的直接接觸，進行感情上的交流，為公司廣結良緣，建立廣泛的社會關係網路，形成有利於公司發展的人際環境。

交際型公關活動有座談會、宴會、茶會、交談、拜訪等。交際型公關活動要防止使用不正當的方式。很多公司利用產品發表會、廠慶、節日等進行交際型公關活動，是改善公司周邊關係，塑造公司品牌的措施。

☑服務型公關

即以提供優質服務為主要方式，以實際行動獲取社會的認同和好評，建立自己良好的品牌形象。

☑社會型公關

即公司利用各種社會性、公益性、贊助性活動擴大公司的社會影響，提高其社會聲譽，贏得大眾的支持。社會型公關活動從近期看，不會給公司帶來直接的經濟利益，但具有深遠的效益。

☑徵詢型公關

即以採集社會訊息為主的公關活動。透過輿論調查、民意調查等工作，瞭解社會輿論，為公司經營管理提供諮詢。

綜上所述，透過各種的公關活動，將公司品牌、產品品牌日積月累地在社會大眾心目中建立起來，這是公司實施公關策略中的重要方式。

第二節 運用公關技巧，和媒體建立良好關係

一、掌握適當的時機發佈新聞

為了達到理想的公關效果，公司應該選擇合適的時機發佈媒體感興趣的新聞。我們也從策劃記者會說起。

☑選擇舉辦時機

作為公司與新聞界建立和保持聯繫的一種比較正式的形式，與向新聞界提供新聞稿來比較，召開記者會不僅具有更為隆重、更精緻的特點，更重要的是記者可以在會上就自己感興趣的問題和自認為最佳的角度進行採訪，也可以促使雙方的聯繫和合作更加緊密和默契。那麼如何選擇記者會的舉辦時機呢？

(1) 新聞的來源

某一消息是否具新聞價值是記者會召開之前必須要確認的，此新聞為什麼在現在必須發佈，其緊迫性應當確認，不要將沒有新聞價值的東西硬拉上記者會。

通常而言，公司開記者會的原因有以下幾種：新產品開發、公司經營方針的改變、公司董事或高級管理人員的更換、新工廠的開幕或舊工廠的擴建、公司合併、公司創立週年紀念日、公司的產品獲獎、與公司相關的重大責任事故的發生等。記者會應選擇合適的日期，避免與一些社會上重大的活動和紀念日相衝突。

(2)作好記者會在某日的具體時間安排

記者會一般選在上午十點或下午三點為佳，這樣有利於方便記者到會。一般的記者會，正式發言時間不超過一小時，應留有時間讓記者提問。記者會後，一般為記者準備茶點，最好的形式是自助餐，自助餐的目的在於給記者提供交流和對公司領導者進行深入採訪的機會。

確定好具體時間後，要提前一～二週向記者發出書面邀請，讓記者充分安排好時間。並非所有記者都能到會，因此，為使記者會圓滿成功，最好在邀請函上附一回執聯。

☑舉辦地點安排

在召開記者會時，應考慮安排適合的地點，作好這項工作，需從以下兩個方面入手：

(1)會場選址。記者會的選址與所要發佈的新聞性質相融洽，同時，要考慮到交通方便、新聞發佈的硬體等因素，如電話、傳真、照明設備等。通常公司的記者會在飯店或新聞電台等地舉行，主要是考慮到上述要求。

(2)會場佈置。選定發佈會會址以後，還要注意會場的環境佈置，溫度、燈光、噪音等等問題要考慮周全，千萬要選一個富於時代感的公關設計人員來佈置會場，使會場展現主題精神，又使記者及其他來賓產生賓至如歸的感覺。會場應設有記者或來賓簽到處，簽到處最好設在入口或入場通道處。會場座次安排要分清主次，特別是有貴賓到會的情況下。在每個記者席上準備有關資料，供記者們深入細緻地瞭解所發消息的全部內容。

(3)工作人員選擇。確定會議的主持人和主要發言人，主持人的作用在於把握主題範圍，掌握會議進程，控制會場氣氛，促成會議的順利進行。此外在必要時還承擔著消除過分緊張的氣氛，化解對立情緒、打破僵局等特殊任務。

(4)確定資料準備人員。主要發言人要掌握本公司的整體狀況及各項方針政策，面對新聞記者的各種提問，需要頭腦冷靜，思維清晰，反應靈敏，具有很強的語言表達能力，措辭精確，語言精練、流暢，發表的意見具有權威性，主要發言人一般由公司主要負責人或部門負責人擔任。

(5)選擇發表會現場服務人員。現場服務人員要嚴格挑選，從外貌到自身的修養均要要求，並注意服務人員的性別比例，以便發揮「異性效益」。服務人員的主要工作有如下幾點：

(a)安排與會者簽到。

(b)引導與會者入坐。

(c)準備好必要的視聽設備。

(d)分發宣傳資料和贈品。

(e)安排好餐飲工作。

(f)安排一名攝影師專門拍攝會場情況，以備將來宣傳和紀念之用。

☑如何委婉拒答

在記者會上，應該是有問必答。但有些問題是不便回答的，在這種情況下，主要發言人就應採取適當的方式委婉地拒絕回答。以下幾點技巧可做參考：

(1)避正答偏。故意避開正題，而將話題引向一些細節，讓對方自己去揣摩話中的含義。

(2)誘導否定。在記者提出問題後，不馬上回答，先講一點理由，提出一些條件或反問一個問題，誘使對方自我否定，自動放棄原來提出的問題。

(3)回以自解。有些時候，對方的提問是明知故問，想藉你的口來證明一點什麼，這時可以用回以自解的方法來回答，將球踢回對方，不受以柄。

(4)幽默詼諧。這是指在對方提出問題後，機智地以詼諧幽默的話題作為遮掩，避開對實質性問題的回答。幽默詼諧既能巧妙地避開難題，又不至於傷害提問者的感情。

二、如何打響公司的知名度

對大部分公司來說，這個時候公司全年的廣告費用預算已經確定了，並已經開始實施。然而，對於大多數公司來說，一方面廣告永遠存在著巨額的浪費，另一方面大多數公司卻永遠都喊廣告預算不夠，費用不夠。

這就涉及到廣告費用預算的制定，我們到底該怎樣制定預算？我們的廣告到底該投放多少才合理，不多也不少？既有效地促進銷售，又控制在合理的費用預算範圍內。這才是業主和廣告商所共同追求的。

在年度費用預算中，狹義的廣告費用即指媒體費用，包括平面廣告、影視廣告、戶外廣告等；而廣義的廣告則包括了媒體費用、宣傳品費用、促銷品費用、展覽展示費用、公關費用及商場費用（場地費、店慶費、贊助費）等。

然而，不管怎麼組合，媒體費用幾乎是占所有市場費用的絕大部分。從全球統計來看，媒體費用一般要占到所有市場費用的七、八成左右。然而，從有廣告業至今，從沒有哪家公司說自己的廣告費用夠用。既然有這個限制，那我們就要考慮：如何制定一個合理的廣告預算和投入方案？一方面可把廣告訊息有效發揮，並勝過競爭對手，把自己的品牌傳達給消費者；另一方面，又減少浪費，以達到高效益低投資的目標，最好一本萬利。

行銷系統所遵循的兩個最基本的原則就是藝術和科學，廣告更不例外。但從我們國內公司來看，大多數公司都是靠一種藝術的頭腦在決策，靠一種經驗累積來實現我們的媒體投入。其實，這是一種錯誤的觀念，因為現今的媒體變得太快，消費者的消費習慣更是千變萬化。從國外公司的成功運作來看，科學和藝術的組合比例一般是八十％比二十％。

廣告的投入、媒體的策劃和購買，必須遵循一種科學的原則。做出一個好的合理的廣告和媒體組合方案，是每一個業主也是廣告商所一直追求的。雖然一直以來，研究不斷，實踐不斷，但必勝的方法還是沒有。大多數廣告主和廣告商還只能是依據經驗、常識和市場動態來決策。

必勝的科學方法雖然沒有，也不可能有，但追求科學的態度和精神絕不可少，只有這樣，我們才會離科學越來越近。一般來說，從目前國內公司的運作來看，有以下幾種廣告預算方案可供參考。

☑銷售額百分比法

這是最常用的，也是最容易讓管理高層通過的方法。當然，這個比率，不同的公司也有所不同，這要視公司所屬的行業及其成熟程度來確定，而且還要參考公司的策略目標定位。一般來說，食品、保健類、飲料等快速消費品行業相對來說比率較高，家電、房地產、汽車等耐用消費品行業等相對較低。當然，行業的成熟與否也是需要考慮的因素。

在確定了整體的費用比率後，還要有各個區域各個產品的廣告費用的二次分配。比如：在考慮各個區域的費率時，就要考慮區域機構的市場策略地位和組織成熟程度、區域市場的消費容量和消費習性及競爭對手的對抗性程度等係數而定，當然，還要考慮公司自身在區域市場的銷售規模問題。

☑歷史預算法

歷史預算法的前提是：外界環境基本沒有什麼變化或變化不大，內部環境也沒有什麼變化或變化不大。否則，就要根據形勢所趨而改變。當然，在確定廣告預算時，除了環境的變化外，還要根據通脹率進行適當的調整。

☑對手參照法

對手參照法，就是在確定廣告費用預算時，與競爭對手持平或更超前。當然，前提是假設對手是正確的。

☑直覺判斷法

實際上，這就是基於經驗基礎上所衍生的一種「感性判斷」。這要根據公司高層領導的「膽識及直覺」來確定，帶有很大的冒險成分。一旦成功，回收不菲，但如果失敗，也足夠把公司搞垮。

然而，這種策略也不是每次都可行。如果形勢發生了變化，而公司最高決策層的直覺慢了，或還是沉浸在對過去成功的回憶中，那就麻煩了。

☑淡旺季區隔法

對於淡旺季區隔法，目前業界有兩種比較有爭論的觀點：一種認為，應該在旺季加大投入的廣度和深度，以求大量出貨，在淡季時做好基礎的工作，比如服務、回訪、新品研發和儲備等。而另一種則認為，在旺季沒有必要多投入，只要保持一定的程度，表明「我也有」就行了，沒有必要把過多的資源淹沒在激烈的商戰中，因為那樣做的傳播效果往往被相互抵消了，相反，在淡季時加碼投入，因為在這種情況下，大多數對手都「沉默是金」，消費者的視界都處於一種無人爭搶的狀態中，你只要適當地下注，比對手多那麼一點點資源，就能夠吸引即便在旺季時多投入三～四倍的資源所搶不到的「業績」。

兩種方法，見仁見智。關鍵是根據公司自身的資源和產品特性，有針對性地投入，能夠吸引目標範圍內的一定量的「業績」就夠了。記住一點：不管什麼時候，必須做到「人無我有，人有我新，人新我特」。

☑利潤預算法

利潤預算法包括前利潤預算法和後利潤預算法。前利潤預算法主要從歷史利潤的角度來考慮，而後利潤預算法則主要是對未來利潤的預測。後利潤預算法看來有點本末倒置的味道，但如果操控得好的話，效果也很可觀。

目前，運用利潤預算法的大多是利用前利潤預算法，但是這種方法比較保守，效果一般情況下比較平淡，不是很理想，因為它決策預算多少的焦點是資金的來源，而不是目標。正所謂，有多大的風險，便有多大的收益。

☑量力而為法

與上述利潤預算法比較接近，但其預算資源不僅僅來源於利潤，還有許多別的資金來源，如借貸、融資、控股、合作、兼併等等，根據公司所擁有的資源來決定其投入。對於絕大部分新進入者或小公司而言，這是必須經過的，關鍵是如何儘快縮短這個痛苦的過程，在這個過程中如何學會借力也是我們必須考慮的。比如說，打品牌的時候可以走明星路線，發想一個很好的概念，但是要記住，後續的力量一定要跟進。

☑顧客成本預算法

這是一種比較科學的制定預算的方法。它是基於目標市場確定基礎上依據顧客成本計算出來的。這裡關鍵是如何確定每個顧客的成本是多少，是根據行業的歷史成本來計算，還是在歷史資料基礎上進行合理推測和預測？亦或是根據現有對手的顧客成本情況進行綜合和平均？這裡還有一個重要的約束因素，那就是成本的限制。任何一個新產品的投產都不可能完全以行業的標準顧客成本為依據進行媒體組合和廣告投資。

這種成本的限制也不是一般的公司所能突破的。當然，對於成熟的企業來說，規模越大，分攤的成本就會越少，因為到了一定的規模，標準成本反而呈現下降趨勢了。

☑市場佔有率（策略）預算法

這種預算方法，一般是根據策略目標市場來確定的。

這種預算方法往往用在強勢品牌進行產品擴張或者專業品牌進軍某重點區域市場或收復某區域市場的時候。它的背後是一種不計成本而只考慮策略意義的投入。

☑市場資料模式化預算法

把有關市場資料模式化，這是很多現代化公司最成熟的做法，但資料需及時而且齊備，只有少數的專業廣告商和品牌公司能在短時間內做到，而且僅限於個別行業和個別公司。因為在目前的這種現狀下，一些基礎的消費資料、行業資料、背景資料、媒體資料還比較難收集。

以上僅是大家在制定廣告預算時比較常用的一些方法，當然，不排除還有其他一些可能比這更好的方法。在現實操作中，大部分公司都傾向於每個廣告專案單獨設立目標，然後做出相關預算，若能加上資料模式化，應該是最科學的預算方法。但雖然如此，仍有不少公司採用銷售額百分比法和歷史預算法。

從全球範圍來看，只有不超過三分之一的公司以較為成熟的科學方法去做廣告預算。每個公司的具體情況不同，決定不同的公司只能採用不同的方法。所謂，沒有最好的預算方法，只有最合適的預算方法。當然，公司在進行廣告預算時，還是要適當多運用幾種方法進行綜合考慮和權衡，這樣得出的結論才更可靠。

三、公司品牌的媒體推廣

品牌的公關推廣是指品牌經營者為獲得大眾信賴，加深顧客印象而進行的一系列旨在擴大品牌知名度和樹立品牌形象的推廣活動。

對品牌經營者而言，公關推廣可幫助完成下列任務：

(1)協助建立新品牌。

(2)影響特定的目標團體。

(3)建立有利於表現品牌個性的品牌。

由於廣告媒體費用越來越高，而且競爭與日俱增，聽眾和觀眾的人數日益減少，使廣告推廣的作用力有所削弱，而品牌經營者正更積極地求助於公關推廣。據美國的一項對二八六名《廣告時代》刊物的訂閱者（這些訂閱者均為美國各公司的行銷管理人員）的調查結果顯示，四分之三的被調查者反映他們的公司正在運用公關推廣。他們發現公關推廣無論對新品牌還是對原有品牌在提高知名度方面有著特殊的效果。

實踐證明，公關推廣的成本效益高於廣告推廣，不過，公關推廣必須同廣告推廣一起規劃。因為，廣告推廣有利於建立消費者的品牌忠誠，而公關推廣則有利於提高品牌知名度和樹立品牌。

品牌公關推廣的目標主要有以下幾種：

(1)提高品牌知名度。

(2)樹立品牌。

(3)激勵銷售人員和經銷商。

☑品牌經營者選用的公關推廣方式

(1)新聞炒作

品牌經營者在公關推廣中的一個主要任務就是發現和創造對公司、品牌或職員有利的新聞。有時候新聞故事就存在於客觀環境之中，有時則要創造一些新聞故事。

「製造新聞」很難有一套固定不變的原則和方法，只能依靠品牌經營者的廣博知識、豐富的想像力和實際經驗去展示品牌推廣活動。但透過對大量公關案例的分析，仍然能找出一系列帶有普遍性的技巧。

(2)演講

演講是提高品牌知名度的另一種方式。艾科卡在許多聽眾面前具有超凡魅力的談話，極大地提高了克萊斯勒汽車的知名度。品牌經營者應經常透過宣傳媒體圓滿地回答各種提問，並在行業協會和銷售會議上演說。這種做法有可能樹立也可能損害品牌，因此，挑選公司發言人時一定要慎重，同時也要充分準備演講稿，以確保演講的效果。

金利來服飾皮件有限公司的總經理羅芙女士，經常利用各種會議，現場促銷會或直接與電視台合作主持節目方式，向大眾展示服飾特色、品牌設計，很受歡迎，極大地提高了金利來的知名度，又達到品牌推廣目的。

(3)創造事件

品牌經營者可有意創造一些事件來吸引外界對公司或品牌的注意。這些事件包括記者招待會、討論會、展覽會、競賽和週年慶祝活動等。

(4)舉辦公益服務活動。

品牌經營者可透過投入一定的時間和金錢來從事一些公益性的活動，以提高品牌在大眾中的品牌。

(5)散發書面資料

品牌經營者廣泛藉助書面資料來聯繫和影響目標市場。這些書面資料有年度報告、小冊子、文章、公司業務會報和刊物等。不少公司自編廠報、刊物，作為傳播推廣的有效形式。

(6)編輯視聽宣傳資料

視聽宣傳資料正越來越多地被用作品牌公關推廣的工具，它們的成本高於書面資料，但其效果遠遠大於後者。視聽宣傳資料可以有效地向目標消費者展示品牌，以引起他們的強烈關注。

(7)利用自身媒體

品牌經營者應努力創造一個使大眾能迅速辨認出本品牌的視覺身分。視覺身分的傳播可透過品牌的廣告標識、文宣品、招牌、模型、業務名片、建築物、制服和車輛等公司永久性媒體來完成。當品牌的身分媒體具有吸引力、個性和印象深刻的效果時，它就成了品牌經營者展開品牌行銷活動的一個有利工具。

☑為公司發展技巧運用大眾媒體

大眾傳播媒體是現代社會溝通的主要管道，很多研究已表明，「媒體力量」影響著大眾的觀點，並且引導著大眾關注的焦點。然而大多數管理培訓的內容均不包括媒體技能。瞭解媒體的作用並把握媒體的運作方式，是對現代管理人員的基本要求，同時也是公共關係專業人士的日常活動。

媒體，特別是報紙、雜誌、電台和電視等大眾傳播媒體，在我們的生活中發揮著重要的作用，對大眾態度和觀點產生了重要影響。根據很多研究人員的工作，媒體負責著「議事日程的安排」，告訴大眾想些什麼和思考什麼。有學術人士認為，媒體能促使全體選民同意大量議案。媒體甚至會導致政府的垮台，或者在其中推波助瀾。雖然這些言論中某些地方有些誇大其詞，但媒體在影響大眾趨向方面的重要性是不容置疑的。

對於所有的經理人與主管來說，怎樣對待編輯和記者是一個關鍵問題。本章提供了一些關於與媒體中的什麼人進行接觸、怎樣提供訊息以及如何向媒體談話的特別資料和實際例子。瞭解如何為媒體準備資料和怎樣對待編輯與記者，能夠使一個機構獲得有利的宣傳機會和完成它的溝通目的。

(1)絕不可使用「無可奉告」

下一步你將清楚而全面地認識到你不得不與媒體打交道。公關人員和商業主管一定要將「無可奉告」從字典中刪去。

也許有若干次，如在微妙的談判中或是某一事物超出了你的知識範圍之外，你不能回答某一問題，在這種情況下，可以給記者們一個誠實的答案。回答：「對不起，我現在不能回答這個問題，因為談判正在進行之中」，或者：「對不起，那超出了我的職責範圍。」倘若你是真誠的，記者們會賞識你的回答，並且他將不再問進一步的問題。回答「無可奉告」對於媒體來說，最通常的解釋是「掩蓋真相」，其結果是在說「我可能知道或者可能不知道這一事實，但我不告訴你」。

媒體的任務是持續搜集大眾感興趣的訊息，「無可奉告」的回答通常會引起記者們進一步的攻擊。特別是面對西方媒體，很重要的一點是不能顯示出你迴避問題，而且不能回答「無可奉告」。

(2)找到最合適的人

公司接觸媒體的第一個問題是向媒體中的什麼人發表談話以便獲得報導。一個機構通常在尋求新聞報導時才接觸報紙主編或者電台台長。在九十%的情況下，這不是最好的接觸方式。

一份主要的報紙是按照它自己的職務分工和職責來構造的。你不需要掌握一份報紙的全部組織機構，瞭解關鍵職位和他們的職責則是必須的。

對於一份小的報紙，如一份小的工業報紙，編輯可能處理新聞方面的各種事務。對於你要建立聯繫的報紙，找到一種交流的方式和管道是值得的。當你掌握的情況對他們及你自己都有幫助，而且節省了繁忙的人們的許多時間時，絕大多數的媒體是樂於向你介紹他們的工作過程和程式的。

(3)與媒體聯繫的方法

你的機構可以與媒體有多種溝通的方式，後面將詳細討論的接觸方式是：

◆電話聯繫。
◆新聞稿。
◆訪談。
◆記者招待會。
◆媒體邀請。
◆讀者來信。

在所有的狀況下，沒有哪一種接觸的方式比其他的方式更好。不同的交流訊息的方法適合於不同的情形。然而，指出並記下每種方法的優勢和特點卻是可能的。

(a)電話聯繫——你與媒體的大部分聯繫是透過電話完成的。正如我們後面會提到的，即使你使用其他書面的形式與媒體接觸，隨後的電話確認常常是很便利的。

在電話上與媒體交談，規則已經討論過了。你應該瞭解你所接觸的人正是你要找的人，也應該意識到新聞媒體主管、編輯和記者都是工作繁忙的人。他們一般都沒有時間長談或者進行大量的解釋。他們只是想從你那裡瞭解到基本細節和事實。

特別是如果你與媒體就討論一個創意進行初步溝通時，最初不要進行太長而詳細的說明，最好對媒體「吊吊胃口」或「撩撥一下」，給出一些關鍵事實和要點來試探他們的興趣。如果你從事情的詳細背景開始介紹的話，結果是你一開始就使他們失去了興趣。歷史背景資料是很乏味的，除非你知道故事的高潮。給媒體三或四個主要要點並問他們：「你們感興趣嗎？」

例如，如果你的公司正準備開發一個重要的新產品，直接告訴媒體它是什麼和為什麼，你認為它值得他們進行新聞報導，從他們以及大眾的看法來看待這一項目。如果你能指出它對大眾意味著什麼，不僅僅只對你和你的公司或機構有益，媒體就會對此故事感興趣。

面對媒體時，或與媒體書面往來時，許多人都做不到總結要點及作簡明扼要的說明，但你必須掌握這種能力，並做到這一點。

這並不是說，在與媒體電話討論的任何情況下你都應該是謙恭和有禮貌的。媒體的記者和編輯都是些很忙的人，常常處於在截稿日期的壓力下，因此一個不幸的趨勢是，你的優雅並不總是能夠得到回應。他們要求進行短促的電話聯繫，並且你可以得到這種印象，就是他們試圖儘可能快的結束你的來電。他們可能是這樣的，但並不是要觸犯你。你不知道在那個特殊時間在編輯部存在什麼壓力，或者與你通話的人遇到了什麼突發事件。

如果你找到了適當的人，並且運用你的電話技術簡潔地提出你的要點，你將發現在媒體中有一個感激的耳朵。我認識的一個成功的公共關係顧問打電話給總編輯，說道：「三點鐘，市政廳，威廉大街，某某公司為解決大部分的都市火災，發表新的滅火設備。」然後，他留下他的名字和電話號碼。你想媒體會去報導嗎？有九十五%的可能性。

與媒體電話聯繫時，要找到適當的人，簡潔，有禮貌，並留下你的名字，如果需要的話留下電話號碼。

(b)新聞稿——每當需要讓大眾迅速瞭解情況，獲得簡單而明確訊息的時候，電話是特別有效的一種方法，例如，某個會議的召開時間及會議內容。然而，當你需要傳達一個較複雜的問題時，或者一個需要介紹背景情況和加以解釋的問題，與媒體進行聯絡的其他方式就會更合適一些。

在這種情況下，列印好的新聞稿具有優勢。把你的訊息書寫出來能幫助你更準確更清楚地說明情況和表達你的見解。這樣做會以更合適的方式與媒體交流訊息，因為它能消除談話中多餘的內容。提供一份簡短的書面聲明能夠節省媒體的一些時間，這對於報社、電台或者人手不多的通訊社，以及對於緊迫的時限來講都是很重要的事情。

另外，把你的訊息或見解都做成文字資料還具備這樣的優點，可以使錯誤引用或誤解的機會減至最少。如果你適當地做了準備的話，為媒體提供的書面聲明將為記者和編輯提供一份有關你公司狀況的清晰明瞭的聲明。

在這本書中我們已經引用了「新聞稿」這個術語。把傳送給媒體的聲明稱之為「媒體稿」也是很合適的。但是，對於前面所敘述過的廣播和電視來講就不能使用「通訊稿」這一術語。當你向媒體發送新聞稿時，請你清楚地說明這個聲明是供出版或廣播用的。這種做法通常使用一種專門設計的標有「新聞稿」、「媒體稿」、「新聞」，並在後面註明你公司或機構名稱的信箋向媒體發送聲明。如果你的資金不允許你印製特製的新聞稿信箋的話，你可以很簡單地在書面聲明的頂端加註上「新聞稿」或者「媒體稿」的字樣就可以了。

(c)會見——在某些情況下，可以與記者親自會談。一對一的會談可以有機會討論某一專題。這樣做可以闡明你的觀點，重申見解，以便記者瞭解你所敘述的事情，並且增強了聯絡之中的個人接觸。

會見是向媒體傳達訊息的最有效的方法，這當中存在著一種融洽的關係。如果你希望與某記者或編輯會談，預先電話通知他們或者預先約好。這樣做至少保證他有時間與你會面，也顯示你是有禮貌的。

大多數情況下應該在你的辦公室裡進行會見，或者是在飯店一類的中性地點會見。記者們一般沒有辦公室或者能供你們談話的清靜的場所。找一間安靜的房間是很重要的，你們可以集中精神談話，而且兩方面都會感到放鬆。也有特殊情況，那就是「實況」採訪，這一般都在廣播電台或電視台的現場進行採訪。

新聞採訪通常都是以一種放鬆的形式進行的。然而電台電視採訪都有較高的要求，而且需要具備專業知識以及必要的培訓。

與當地的編輯、新聞編輯、記者有私人關係是一項重要的策略，可以針對重大問題進行採訪。但是不要過多地進行接觸，要珍惜他們的時間。

(d)記者招待會——記者招待會，是專業公共關係人員和諮詢人員的活動領域。但是，如果記者招待會的目的和方式都很明確的話，任何一家機構或公司的經理也可以舉辦這種記者招待會。

記者招待會就是在特定的時間和地點向記者們介紹情況，或就某個特定問題發佈聲明的一次會議。通常在記者招待會上講話的都是有一定職權的人物，例如，總經理、某機構的主席、政府的首長或者高級官員。在這種時候，記者要來會見你。

記者招待會只適用於下列活動的一種聯絡方式，即發佈重要的聲明或宣佈重要消息。應該有節制地使用記者招待會的方式，只有在發佈重大消息時才使用它。記者們對於利用記者招待會發佈不重要的消息的機構是會冷嘲熱諷的。

當記者們希望向你的發言人提問題時，記者招待會就是特別恰當的聯絡方式。利用記者招待會可以在一次會議上向所有的媒體通報事情的發生經過，並且允許他們同時進行採訪或拍照。

要使記者招待會成功就必須認真地進行組織。要事先通知各家媒體，要提供一個合適的聚會地點，為記者提供座位，為電視工作人員提供電源插座，要準備好在記者招待會上發送的書面資料，如果有必要還要準備文宣資料，例如樣品或者說明手冊。

表示禮貌的方式可以選擇。然而一般要準備茶水、咖啡、果汁、小點心，可以在記者們到達之前或全部到齊之後供應。在某種情況下，可以在記者招待會之後或之中提供午餐，然而這一程式的時間越短越好，只有一個事務上的形式就可以了。記者們只希望得到情況的發展過程，然後就會一走了之。

記者招待會的時間要求是很嚴格的，在接近於媒體發稿的最後期限來召開記者招待會是不聰明的舉動。

召開記者招待會是為了發佈最重要的聲明。事先要通知各媒體，預定好聚會地點和時間。

(e)邀請新聞媒體——用書面形式邀請新聞媒體參加記者招待會是一個好的思路。新聞媒體的邀請函與一份新聞稿在某些方面有著重要區別，它不提供詳細情況，它只是一份簡單的邀請新聞媒體參加一次特定的新聞發表會。邀請函應發給新聞編輯或者主任編輯，或者直接發給你所認識的專欄記者（例如，財經記者）。新聞媒體邀請函應儘量簡短，甚至比新聞稿都簡單。它只說明事件情況、時間、地點、發生原因、需要進一步瞭解訊息時應如何聯繫。

(f)致函編輯——致函編輯是許多機構中職員和經理們與新聞媒體進行聯絡的常用

方式，這種信件是供出版的。有時讀者來信對於新聞媒體來講是一種使用過分的聯絡方法，而且可能會給某機構造成很多問題。

大多數報紙都刊登讀者來信，然而信件必須簡短，而且正中問題要害。讀者來信這一頁報紙的主導思想是提供一個大眾論壇，編輯利用此論壇希望得到儘可能多的讀者。

讀者來信提供了指出或更正一件錯誤報導的機會，同時可能出現危險。讀者來信中的一個話題可能引起持有異議的人的謾罵或對方的攻擊。如果你忽略了原始文章，這樣做還可能導致更壞的公開論戰。

你可能拿起一張報紙並且讀一篇讀者來信或一篇文章，它可能引起你發怒、感到灰心喪氣或者敵視刊登這種內容的報紙。這是寫一份讀者來信的最糟的時刻。你的反應必將是感情激動的，而且當你讀了內容時你會感到受到了侮辱或者憤慨。我們除了考慮一些問題之外，我們被激怒或者感到憤怒時不要去爭論以證明我們是最正確的。在此時，我們易於誇大事實，發洩私憤，不合邏輯地陳述原由，因此有可能在後來的答覆中被擊敗。

作為一項普遍原則，不要濫用讀者來信的方式。不要變成一位習慣於寫讀者來信的人。當你認為有些問題需要更正或澄清這一情況是絕對必要的時候，而且這種事情又不能在以後的文章中陳述時，讀者來信就成為了一種有益的方式。

一旦你寫讀者來信，一定要等到你的頭腦已經冷靜下來，已經與某人討論過此事，然後坐下來起草一份簡要、真實答覆。

(4) 如何激起媒體的興趣

經常聽到人們抱怨，「我們有很好的消息，然而我們無法使媒體對此感興趣」。為什麼出現這種情況呢？是不是媒體對你的機構有偏見呢？或者是他們得到了一個很好的故事內容時他們只是愚弄那些不識真相的人們呢？

在大多數情況下，有兩種可能性。一方面是你沒有把你的訊息有效地傳播出去，另一方面是你的故事還不足以吸引觀眾。最常見的情況是後一種情況。

首要的原則是要使媒體感興趣就得使用適當的傳播方式。這一方面的問題我們已經部分地作了陳述。要瞭解所要聯繫的人必須找對方向。正確瞭解他的姓名、職位。用一種能讓人家接受的方式方法向他們提供訊息，下一章我們繼續討論這個問題。接下來要與他們進行電話聯繫，但要記住不要讓那些繁忙的記者和編輯討厭你的電話。

瞭解正確的程式和展示方法的同時，你還要做一些事情讓人對你的機構或故事感興趣。一方面是做一些超出尋常的事情。找出一種方法以小說中經常使用的方式來表明你的觀點。

當為非洲「遠離饑餓運動」籌集資金時，該機構清楚而主動地闡明它的原由，它舉辦了一次「富人和窮人」午餐會，採取抽籤的方式來確定參加的人，可以得到一份飯菜或者只有一碗米飯。該機構用一種簡單的方式陳述了它關於貧窮的觀點，然而此方式很有效而且獲得了重要媒體的報導。

希望遞交一封信件給華盛頓政府的美國農民，發動了一次有史以來規模最大的農用車車隊，他們駕駛著卡車、拖車和農業機械車橫越美國大陸向美國首府匯合。

如果你的想法很形象化，採取一些不平常的方式來表明你的故事情節那就更好了。靜靜地坐在那裡是無法得到電視鏡頭的，除非剛巧你有許多人參加會議。但是像「富人和窮人」午餐會以及美國農業車隊一樣，這些方式均有視覺形象，街頭上的男人和女人們都能看得見。

在公佈一項消息中你所採取的行動不要超出限度，只要是能夠引起轟動的驚人之舉即可。合法的抗議與公開的驚人之舉兩者之間的區別是依據當地的情況和大眾的興趣，以及你所採取的主觀判斷。你不要做那些違法的事情，除非你有意面對事情的後果。你不要損壞財產，你應該保護你的機構，不要讓它成為極端主義者，這將無益於你的機構形象。

然而，你如果選擇了適當的行動來表達你的不同尋常的和原始的觀點，以某種嚴密組織控制的方式採取行動和陳述你準備好的觀點，你可以有效地吸引大眾對你的故事情節所衍生的關注。

新聞需要事情的焦點或故事的高潮，如果你涉足了某個冗長而複雜的爭端，你最好找出問題的焦點，以便得到媒體的報導。

促使媒體和大眾感興趣的另一種方式是聘請一位重要人物來支持你的活動。例如，衛生部門在防治愛滋病方面成功地發佈了訊息，他們聘請了大量的國際知名影星和電視明星來支援他們的活動。

不論你是否能得到人物的支援，媒體只對於有關人物的故事感興趣。他們希望在新聞節目當中出現人物的形象。因此你必須讓一些有競爭能力的發言人去展示你公司的觀點。媒體對於無視覺的消息是不感興趣的。他們希望對名人們進行評論。

牢記大眾注意的人物興趣角度是對於你公司有益處的，而且要把人們的姓名及形象與你的公司聯繫在一起。人們是依據人的姓名和形象進行識別的，而不是機構或者機器。你的發言人在大眾生活當中應擔負很大責任。

(5)禮品和誘惑

給記者們贈送禮品或好處是一個敏感的問題，同時也是許多經理們非常關注的事。各國的習慣各不相同，然而需要注意一些已經確定的通用規則，例如：

(a)節日禮品和禮物（例如，耶誕節、春節、生日等）：在節日期間，像對待其他人一樣對待新聞媒體是理所當然的。按照節日的習慣，給編輯和記者們一些紀念禮品是能夠讓人們接受的，而且也是良好的公共關係的一種實際做法，給他們的禮品與你給其他人的禮品相差不多就可以了。

(b)免費提供評估的樣品、門票、服務：例如，如果你組織旅遊或者銷售電腦，在記者們撰寫有關這些方面的文章之前，請他們事先試用一下你的產品。免費提供評價產品的樣品是商業上常用的方法，倘若所提供的樣品是真正為了評價用的，為了對產品或服務進行評論，這也是合乎道理而且是能使人接受的。

例如，為汽車專欄記者提供新車試乘或駕駛以及進行評論，這樣的情況是很尋常的事。上路駕駛通常要進行一週或者一個月。給記者提供一輛新汽車供他永久的或無限期的使用通常是不可取的事情。

(c)差旅費和住宿費：如果某公司建議記者隨同前往該公司的生產廠家或者海外總

部去參觀，該公司應負擔包括差旅費、住宿費以及其他合理娛樂費用在內的全部費用，這也是很普遍的事情。應當強調的一點是要適度，而且旅行和訪問的目的是真正為了進行媒體研究和做出報告。

在大多數的情況下，這要包括對於媒體費用的支付（例如，機票、住宿費等），但是不要直接向記者們支付現金。

(d)其他形式的支付和賞金：在與媒體交往當中存在著一些「灰色」領域，尤其在亞洲一些國家，行為方式與西方的標準有差距。當遇到這種情況時，要尊重當地風俗，依據個人的經驗以及不同的環境和條件，做出正確的判斷。

例如，在印尼，向參加採訪或記者招待會的記者們提供「交通補助」是否合乎習慣呢？這並不是行賄，因為這種支付並不包含討人喜歡的內容，甚至什麼含意也沒有。這種做法起源於印尼廣泛流行的支付車馬費的做法，記者的薪水相對的來講比較低，又缺欠公共交通設施。通常公司的汽車只供經理們使用。大多數記者不能使用公司的汽車，因此，如果記者需要來採訪你的話，你最好還是向記者們提供一筆車馬費。

除了上述傳統的贈送禮品和商業實踐之外，你應當避免向記者們支付費用或提供方便。企圖行賄是不道德的行為，而且專業的公共關係經理是不會這樣作的。許多國家的公共關係學會都制定了《道德規範》，以便禁止公共關係經理們捲入行賄活動之中。

(6)「不得發表的消息」

在與記者們接觸當中使用「不得發表的消息」這種說法時，會產生某些混亂現象並造成某些問題。那麼你應該在什麼時候使用「不得發表的消息」這種說法呢？以及為什麼你要這樣做呢？

從法律方面講，你應該瞭解你告訴記者的每件事情都能報導出去的。要記住，一些記者隨身攜帶答錄機，並且可以錄下你的全部談話內容，當然在要錄音時他們一般地都會事先告訴你，有些記者甚至會把電話內容錄下來。有時你並不希望把某些訊息公開化，然而這些訊息對於記者理解問題的端倪是最基本的。在這種情況下，有職業道德的記者或者採訪人都承認這樣一種慣例，並且把它稱之為「不得發表的訊息」。

「不得發表的消息」表明在此約定的情況下提供的訊息不得以任何方式來使用。這種訊息純粹供記者們作背景資料予以參考。然而還可能產生與此相關聯的問題。如果某人向記者提供過「不得發表的消息」，記者們總期望這些消息在某個時間成為可以發表的消息，這也是合情合理的事情。如果某記者曾期望你的請求成為「可以發表的消息」，一旦這些訊息變得可以使用的時候，你應當通知那位記者。如果某記者得到了你的「不得發表的消息」請求，你最終又公開向另一記者發表了這個訊息，原來的那位記者將對你大為不滿。

當過多地使用「不得發表的消息」這種方式時就會產生第二個問題。參加會議的某個發言人覺得有必要用「不得發表的消息」這種方式解釋一個關鍵性問題，他應該清楚地向與會的記者們解釋哪些評論屬於「不得發表的消息」，在什麼時候能把這次談話公佈於眾。如果你對此不甚清楚的話，記者們就可能意外地報導了「不得發表的消息」。

偶爾地使用「不得發表的消息」是能讓人理解的。但是當某發言人把「可以發表的消息」變成了「不可以發表的消息」，甚至反覆地這樣做，就可能產生混亂現象，並且招致媒體的批評。另外，你只能對於你所熟悉和信任的記者們運用「不得發表的消息」這種方法。如果記者們樂於接受「不得發表的消息」，在提供這種消息之前你應該事先詢問他們一下。如果他們同意的話，至少你們應該有個君子協定，即使不受法律的保護。

只有在必要時才能使用「不得發表的消息」的說法，「不得發表的消息」只能針對特指的事情。

(7)「無署名的消息」

你還應當瞭解「不得發表的消息」與「無署名的消息」之間的差別。「不得發表的消息」表明根本不存在任何評論的事件。無論從哪一點來看你都從來沒作過評論。另外，你可能希望媒體報導某些問題，然而你又不希望記者在報導中提到你的名字或者消息出自於你。在這種情況下，你向記者提供評論時可以說明消息是可以報導的，然而不能署名。

媒體偶爾使用「無署名的消息」，正如前面我們所陳述的一樣，媒體喜歡把各種評論和意見都署上某個人的姓名。這種方法使我們相信記者不是在編造故事。然而，「無署名的消息」在應用當中有時表明所得到的訊息「無署名」，或者根本沒有這種訊息。要瞭解「不得發表的訊息」與「無署名的消息」的區別，並有節制地使用它們。

(8)獨家新聞

與新聞媒體打交道的過程當中存在著的另一種潛在的危險是提供獨家新聞。「獨家新聞」表示只提供給某家報社或廣播電台的訊息。在某種情況下，訊息的「獨有性」是公正而合法的事情，然而在另外的一些情況下，這種情況可能使你陷入困境。

如果某個記者發表了一篇新聞，隨後產生了爭議和問題，接下來的報導還應由這個記者來進行。在這種情況下，你沒有權力再向其他媒體提供有關此新聞的訊息。如果你又向別的媒體提供了這方面的訊息，那位記者就再也不會與你聯繫了。

如果你採用新聞稿或者親自向記者介紹情況的方式發佈一個訊息，那就是你的權力了，在大多數情況下，你應該以公平的方式向所有的媒體發佈訊息。

記者們經常勸說你給他們提供獨家新聞。受益於你的獨家新聞的記者當然非常高興，然而被激怒的其他記者們可能就會指責你的做法不公平。這種情況就成了「得不償失」。

如果你掌握的訊息是非常專業性的獨家新聞，明智合理的選擇是將它提供給此專業領域的記者，而不要將它交給一般的媒體，避免這一訊息可能被誤解或曲解。

當一位記者最先發佈了一項消息時，這條消息被認為是他的消息，你就不能到處亂說亂講了。然而反過來，在傳播過程中採取公平的策略是一種普遍的規則。除非是專業化的資料，否則要避免產生偏頗現象。

(9)正確處理錯誤報導

儘管媒體都有一些防護措施，在印刷媒體和電子媒體當中也出現錯誤報導。一旦被錯誤地引用或錯誤地報導了你的公司情況，你如何去處置這種情況呢？

首先，要證實媒體確實錯誤地報導了你的情況。這件事聽起來是很容易確定的，但在某些時候，讀者的理解和我們的寫作意圖會出現誤差。因為我們都很瞭解這個主題，我們不是外界的讀者。當一個報導沒有反應所處公司或機構的經理們建議的想法或者重點問題時，他們就感到被錯誤地報導了。

媒體沒有義務一定要同意你的想法或報導的重點，當報社或廣播電台極不準確地敘述你所敘述的內容時，這才是錯誤報導。

如果媒體錯誤地報導了你的情況，值得注意的是你不應該做什麼事情。如果你立刻打電話給有關報導的記者並且向他陳述你的想法，那是一種不明智的策略。你還不清楚那是否是記者的過錯。在媒體的「生產線」的各階段都可能產生錯誤、遺漏和印刷錯誤。在許多情況下，一旦發生錯誤報導，記者和你一樣感到不安。

記者是冗長而複雜的新聞生產線中的第一個人物。例如，在某市的某家報社中，新聞記者將消息傳送到「新聞編輯室」。一旦此新聞被批准發佈的話，然後就送到助理編輯那裡，經過修改和更正之後，去掉了一些內容以便符合報紙版面的空間要求。在此階段中把標題加上去（記者不寫標題）。然後把此新聞送交排版印刷，然後還要進行某些更正。

因為出版的新聞沒有確切地表達原來的意思，有人就會打電話指責記者，可是這個人正好忽視了媒體傳送過程中的其他重要環節。

如果產生了嚴重錯誤或者錯誤的引證，那就有必要與相關的媒體進行聯繫。要以建設性的方式進行聯繫，要認識到報導中的錯誤不一定是記者的責任。如果是記者的過失，批評她或他的錯誤也無濟於事了。

一般地講，遇到錯誤報導的情況時你可以做下列三件事：

(a)給編輯寫一封信（與報紙打交道）。

(b)要求媒體做出更正。

(c)建議發表後續報導來澄清問題。

在前面的章節裡我們已經論述了讀者來信的問題，你應該記住，採用譏諷的方式或者書寫謾罵的長信來攻擊報社或記者，都無法使你得到朋友們的支持，而且也不可能發表出去。如果你寫一封讀者來信，說明事實真相，精確而建設性地闡明你的觀點。你要與媒體建立好關係，並且在未來的日子裡你還需要媒體的支援。

就錯誤的報導問題你要與媒體進行接觸時，你同樣應該採取建設性的方式。採取咒罵或對抗的方式可能使你出一口氣，然而你與媒體之間的關係將產生不可挽回的錯誤。你應該給有關的記者打個電話，並且說一些：「非常抱歉，我要發這樣的牢騷，然而我們這裡的一些人對於昨天的報導感到有些不準確的觀點……整體上講有些事情出了差錯，我懷疑是否我們能做某些更正的工作。」

如果事後證實你的抱怨是正確的，大多數記者或編輯將儘快更正錯誤，並且繼續得到你的支持。

有些時候，你可能希望或者需要進一步抱怨有關的媒體，希望這種情況儘量少出現。極少有這樣的管道為你服務，而且每個國家都有不同的處理方式。

媒體有時採取的「敵對」態度是職業上的要求，而不是個人的反應。人們付錢給記者讓他去作某件事情，這其中也包括批評、分析和解釋。不要因受到粗暴的採訪而感到自己受到了冒犯，他只是在工作。

記者在社會中起著重要的作用。儘可能地尊重他們，與他們坦誠相見。自然你可以反過來得到他們的尊重。在大多數情況下你將發現，你直率和誠懇地回答記者們的問題，他就不會進行尖刻的報導，並且感謝你的幫助，相互合作。

第三節 網路發展與現代公司公關

一、網路品牌公關化

網路品牌是虛擬空間營造的一個重要任務，也是商務化中非常重要的一個組成部分，就像人要衣裝一樣，虛擬空間中的公司網站也需要好的包裝。要建立良好的網路品牌，公司必須著重做好以下幾方面的工作。

品牌是一個名稱、名詞、標記、符號或設計，或是它們的組合，其目的是識別商家的產品或服務，並使之與競爭對手的產品和服務相區別。品牌的好壞意味著品質的高低。品牌在本質上代表著產品的特徵、利益和服務的一貫性承諾，是一個更複雜的象徵。

品牌的含義分為幾個層次：

屬性：品牌首先把人們導向某種屬性。

利益：顧客不是在買屬性，他們買的是利益。屬性需要轉化成功能性或情感性的利益，如耐久的屬性可轉化成功能性利益：「多少年內我不需要買一輛新車」；昂貴的屬性可轉化成情感性利益：「這輛車讓我感覺到自己很重要並受人尊重」；製作精良的屬性可轉化成功性和情感性利益：「一旦出事時我很安全」。品牌也說明了一些生產者價值。行銷人員必須分辨出對這些價值感興趣的購買者。

文化：例如，賓士汽車代表著德國文化。

個性：與別人不一樣的地方。

客戶：暗示了購買或使用產品的消費者類型。

品牌最持久的含義是其價值、文化和個性和信任，這是品牌的實質。樹立網路品牌，是樹立公司網路品牌中最關鍵的部分。

品牌化的挑戰在於制定一整套品牌含義，當消費者可以識別品牌的六個方面時，我們認為它已經達到了品牌的深度經營，否則只是一個膚淺品牌。經營者經常犯的錯誤是只重視品牌屬性，但是買者更重視品牌利益而不是屬性，而且競爭者很容易模仿這些屬性。

另外，現有屬性會變得沒有價值，品牌與特定屬性聯繫得太緊密反而會傷害品牌。同時，也不能只強調品牌的一項或幾項利益也是有風險的。

網路的訊息就是公司的產品，對這個產品也要進行品牌經營。網路的品牌經營要從兩個方面考慮，一個是訊息本身，包括產品（有形和無形產品）、服務和交互機制幾個方面，另一個是視覺品牌，兩個方面結合在一起，形成的就是具有一定品牌效應的網路品牌。

我們首先要決策的是：是不是要為自己的網站加上品牌，答案是肯定的。那麼，就要從網址開始。當你在網路推廣的產品或服務在傳統市場中已經擁有一定的知名度和品牌時，在網路上要對其進行有機制的延伸。此時，僅僅從公司名稱的縮寫角度考慮問題顯然是不夠的。

如果你要銷售的是無形產品，而且屬於新創項目，就要為它起個新的名字。這個新的名字可以明確地標識你的無形產品，也可以沒有任何具體的含義，像Yahoo之類，然後靠你的經營來給這個名字賦予品牌的含義。

之後，是品牌名稱的問題。也就是當你的產品或服務不止一種的時候，針對產品的狀況是樹立一個品牌，還是同時樹立幾個品牌。對於品牌名稱來說，一般有四種方法：獨立品牌：即給每個產品賦予一個獨立的品牌。用這種方法可以避免系列產品中的一款出現問題後，對主品牌中的其他產品也產生影響。

統一品牌：即所有的系列產品都共用一個統一的品牌名稱，如Sony等。其好處在於不用再為新的子產品的品牌進行投資。但是當系列產品的品質不均衡時，低品質的產品會削弱整個品牌形象。分類品牌：對於不同類別的產品給予不同的品牌，每個類別下的系列產品共用這個類的品牌名稱；如日本松下公司的家電產品用National，影音產品則用Panasonic。這種方法可以將一家公司生產的不同類型的產品分開，每個類別的品質比較好均衡，不至於互相影響。

與品牌名稱對應的品牌策略也有四種方法。

產品線——即在原有產品的基礎上，開發屬性不同的新品種，並將其都歸在統一的品牌之下。這樣，可以藉助已經樹立的品牌為新的產品和服務打開銷路。但是，新產品與老產品之間的差別往往得不到突出，容易讓消費者在識別時產生混淆，使原來的品牌含義變得模糊起來。

品牌擴展——當公司在同類別的範圍中新開發產品或服務時，將他們也都歸在原有的品牌之下。如日本的本田汽車出名後，在本田的品牌之下又開發出機車、鏟雪車和除草機等，具有新功能的車也沾著本田高品質車的榮譽。

多品牌——即為新產品定義新的獨立的品牌名稱。這種方法要求每個品牌都有自己的競爭力，而且在功能上能夠互補，以擠佔競爭對手的市場空間。但是，當新的品牌由於競爭力不強而無法侵佔市場空間時，這種策略就失去了預想的作用。

新品牌——當新產品在功能上與原有品牌的產品區別很大時，用新品牌的方法來讓其單打獨鬥。

結合網站的經營，產品線的方法被廣泛的應用。如賣花的網站經常按照花的類別加以分別推廣。而多品牌策略則需要用功能性軟體運用的方法來表現，更常見的是在主網頁分支下的子網頁。另外，也可以用不同的獨立網頁和獨立網站的形式來表現這種策略，但是在不同的網站之間要加設非常有效的連接，以表現功能上的互補。

二、創造公司的網路品牌

網路品牌的特徵也決定了其品牌策略的特殊。如何實施化品牌策略？如何讓你的網站在叢林中脫穎而出？在網路上創立品牌不再是僅僅圍繞著某種品牌，在網上所做的每一件事情都是建立品牌活動的一部分。創建一個品牌需要用心、信譽和毅力。

網路的本質是溝通，使網上的用戶的線上上消費有良好的回報，而網路的用戶又往往與他們信任的品牌展開業務往來，因而從消費者的需求出發加強信用度的設計至關重要。

☑「凸透鏡效應」

在網站不僅改變了行銷模式也改變了經營方式的時代，品牌強力推動經營，同時獨特的經營方式也極其有利於塑造品牌。

網路經濟進一步發展，必將產生更多的業務模式，一些先行公司在不斷壯大的同時，逐步被大眾接受為全新的商業模式的典型代表，如yahoo。選擇好自己的模式，具有「凸透鏡效應」的網站經濟將把更多的資金、客戶、競爭能力彙集在持有這種模式的第一、第二家公司上，使其成為成功的「業務模式品牌」。

公司要根據網路服務市場發展趨勢、市場進入與退出障礙、競爭對手情況、網路上顧客需求及公司自身的技術條件、優勢來選擇最有利的業務模式。

☑把客戶統統吸引進來

創立網路品牌的路程不是單行道，而是雙向的高速公路。如果一個網路品牌沒有經常傾聽顧客的意見，它是不可能提供高效並值得讚賞的服務。如同菲利浦・科特勒所言：「現代市場行銷觀念是以整體行銷活動為方式來創造顧客滿意的，並達到公司目標的顧客導向的經營哲學」。

有效地吸引顧客，提高品牌的知名度，鼓勵顧客參與品牌諮詢管理，同時加強品牌維護和品牌宣傳。比如在網路上開設俱樂部，設計娛樂性強的有價值的內容，進行電子郵件的交流以及創建自己的電子雜誌，與顧客進行有效的互動式的交流，加強顧客對自己品牌的認同和信任，從而建立融洽的關係。廠商還可以利用網路服務設計，對顧客訪問情況進行分析研究，進行科學的追蹤行銷調查，針對顧客的建議和意見加以改進。

三、傳統媒體和網路媒體的相互配合

公關是公司展開行銷活動的重要內容。網路是一種大眾媒體，自然也存在著公關。網路公關主要涉及兩個方面，一是對公司訊息的主動傳播，二是對網路輿論的分析和監控。傳統媒體和網路媒體的結合將是現代公司公關發展的新趨勢，因此本節將詳細講述公司應如何做好網路公關。

☑網路新聞公告

網路新聞公告在拓展公關方面可以發揮重要作用。公司在網路上發佈新聞公告時，應該注意以下幾點：

(1)新聞的即時性

網路媒體較傳統媒體的一大優勢就是網路媒體的即時性。如果公司希望以最快的速度傳播某一事件，最好的方式就是將新聞公告不僅在Web上發佈，還要投遞到新聞界去，這樣才能達到應有的效果。

(2)傳統媒體和網路媒體相結合

如果人們能同時在傳統媒體和網路媒體上都看到同一則新聞，將會大大加深公司在大眾中的印象。所以，公司網站上的新聞公告應該易於搜索。比如，公司可在網站設置一個明顯的索引，然後把新聞發佈到相應的網頁。

(3)建立廣泛的網路媒體聯絡。

當公司有新產品或新服務出現時，最好能及時發送一些消息給那些希望發佈此訊息的網路媒體。透過網站郵寄清單收集對本公司產品感興趣的用戶郵寄地址，並及時向其發佈公司的最新動態。

(4)加入其他公司的介紹

公司的網上新聞公告中應該包括商業夥伴、客戶等訊息，還可在公告中加入指向他們的連接。雖然這可能會轉移一部分瀏覽者的注意力，但它也會從一定程度上提升公司品牌。

☑網路輿論

現代社會生活中，輿論具有很重要的地位。公司公關工作的一個基本方面就是分析輿論，有目的地推行自己的公關計劃，去創造良好的社會輿論氣氛，使公司在大眾中樹立良好的品牌。

網路輿論也是公司拓展公關時不可忽視的重要方面。網路為輿論的傳播提供了便利的途徑。藉助網路，輿論可以突破時間和空間上的障礙，使得各方面的意見及時、廣泛、深入地進行交換。

為了有效地回應用戶關心的問題和發佈公司訊息，公司應時刻關心網路輿論的走向，避免一些負面效果，同時也可以從中及時瞭解客戶關心的問題。

網站作為一種大眾媒體，帶來了新的訊息傳播方式。關注網上訊息的傳播和輿論導向，是網路時代公司公關工作面臨的新課題。

第四節 品牌公關做好公司的形象

一、良好的公司形象決定公司的財富

公關經理人必須透過有效成功的公關，為公司樹立良好的品牌。從產品競爭到市場競爭、從市場競爭到知識競爭，更進一步的競爭就是「品牌競爭」。有專家早就指出：品牌是當今公司競爭的核心概念之一，人們對品牌的依賴已經成為一種生存狀態。這就是說，品牌可以決定發展，品牌直接涉及公司的效益，品牌的好壞可以決定公司財富的多少！而這些都要透過有效的公關來實現。

由於「品牌」的內涵極為深廣，所以「品牌競爭」也就不同於一般的競爭。其最主要特點在於它往往不是單項的、局部的競爭，而是全面的、整體的競爭。比如，美國總統的競選，就可以看作是一種比較典型的「品牌競爭」。在這場競爭中，所涉及的不僅僅是他個人，還包括他的家人、他的同黨以及他的競選團隊的所有成員；所注意的也不僅僅是他競選時的表現，還要顧及他的生活方式、生活品味、信仰、言談舉止以及他事業生活等方面，稍有不慎，品牌即損，競選也許就以失敗而告終。

公司的「品牌競爭」，由於量大面廣、目標大眾相對集中，競爭之激烈就更是可想而知。尤其是公司品牌的競爭，因為直接以市場為導向、以效益為目標，所以今天幾乎已經達到了白熱化的程度。正像哈佛商學院的漢斯教授所說的那樣：「十五年前，各公司在價格上競爭，今天在品質上競爭，明天將在品牌上競爭。」當時的「明天」，現在分明已是眼前。

「品牌經濟」既然是一種經濟形態，當然有它的基本原理，也必然有它特定的經濟要素和運行機制。「品牌經濟」與「傳統經濟」最大的不同，是把「傳統經濟」中的「非生產力因素」轉化為「生產力因素」，有的甚至轉化為時代所要求的「生產力因素」。

而公關作為公司品牌塑造的重要方式，也就顯得格外重要。可以把公關在公司想塑造的作用概括為「四化」，即資源個性化、概念商品化、品牌資產化和傳播市場化。

(1)「資源個性化」的實質，是強調公司「資源」的功能性在橫向比較的基礎上所表現出來的獨特性和品牌性，突出「資源」的品牌效應，從而使「資源個性化」這一在傳統經濟中並不具有直接經濟性的因素，成為「品牌經濟」中重要的「生產力要素」。

(2)「概念商品化」，不是「商品概念化」，二者有聯繫，但更有區別。「概念」不是品牌，所以不需要專門註冊或登記，但它和品牌及其他訊息一樣，同樣可以傳播；一個有形的產品，假如沒有一個無形的相關的概念來予以說明和傳播，這個產品很可能就成不了商品，因為它賣不出去。

一個無形的概念，雖然不是有形的產品，但卻可能為市場所接受，形成買賣雙方之間的交易或轉讓；「概念」原本不是商品，但現在它不但可以成為商品，而且還可以造就一個組織、一個產業或一種經營模式。

(3)「品牌資本化」在今天可能已經成為一種比較普遍的認識，但在傳統經濟的概念中，「品牌」並不是資本，至少沒有明確而普遍地被認作為資本。「品牌資本化」，實際是「品牌價值」的整體表現，「品牌價值」是多方面的，有社會價值、經濟價值、經營價值、管理價值、文化價值等，而所有的價值，就其性質而言，實際上都可以歸之為「品牌價值」。因為，「品牌」的基礎是社會大眾的「品牌認知」，沒有品牌，就沒有認知，沒有認知，當然也就無所謂品牌。所以，「品牌資本化」的實質是「品牌認知資本化」。

(4)「傳播市場化」，不同於「媒體產業化」。媒體產業化注重的是媒體的經營機制，而傳播市場化注重的則是傳播的功能效應。傳播是什麼?從品牌經濟的觀點分析，傳播也是生產力，而且是一種完全不同於其他生產方式的生產力。因為，在傳播行為的實施和作用的過程中，相關的生產關係和生產價值都將隨之而發生變化。一則消息，可以促成一個商品的風靡；一篇報導，可以導致一個公司的破產；一個傳聞，可以影響整個股市的波動。

換句話說，傳播可以直接形成生產力，而且很大程度上形成的是一種綜合生產力。由此可見，品牌經濟體系的基本構架是有著堅實的基礎的，「品牌經濟學」的創建不但是必要的，也完全是可能的。

從學科性質而言，「品牌經濟學」應該是研究生產力的應用性經濟學科，屬於生產力經濟學範疇，其主要方向是研究「品牌」這一特殊商品的生產、轉移和消費，以及有關品牌系統的經濟效益問題，實際也就是「品牌經營」問題。同時，還將研究「品牌」這一生產力要素對生產力發展所起的與其他生產要素不同的作用，同樣有著具體應用和基礎理論兩個方面的研究範疇。

二、公關，品牌策略必不可少的武器

世界經濟正從產品的品質、價格的競爭進入公司品牌與服務競爭的時代，經濟文化一體化的特點越來越明顯。作為經濟發展過程中的一種新型文化——公關文化，已逐步滲透到名牌產品、名牌服務、名牌公司之中。

☑名牌公司成功的基本策略是公關文化策略

公司是市場營運的主體。無論什麼樣的公司，要能在市場競爭中立足，沒有一套經營策略是不行的。策略依層次分有公司策略、事業策略、部門策略；按內容來分，有投資策略、產品開發策略、人才開發策略、技術發展策略、公司創新策略、公司品牌塑造策略；從經營形態分有內涵發展策略、外延發展策略、組合發展策略等等。

作為名牌公司，面對著社會文化導向時代的到來，從公司的思想意識、價值取向、行為方式、交際風格、經營作風、管理模式等方面，到如何表現時代性、文化性、市場性、民族性和公司的個性都投入不少的創造力，凡成功者都注意引進公關與文化集於一體的公關文化。公關作為一種基本策略，已多方面的作用於公司品牌架構之中。

其表現類型有：

(1)文化傳遞型。文化是人類文明與進步的產物，也是包括物質財富與精神財富在內的一大資源，涉及範圍廣泛，幾乎包括人類活動的各個方面。作為文化代言之一的商品，其文化品味的高低對消費者影響極大。

(2)商標輸入型。商標是公司或產品的招牌，作為無形資產屬知識產權，其價值大小可以用商標價值來反映。藉助商標這個意識型態，可在消費大眾中樹立公司或產品的品牌，共同形成公司或產品的臉譜。有影響力的商品，不外乎有一個好名字，有一個獨具一格的標誌，包括文字、圖案等，其中蘊藏著極豐富的公司或品牌色彩。

(3)情感交融型。情感、文化、公關集於一體，其價值難以估算。不僅是生產產品的公司，就是出售產品的公司亦是如此。

(4)立體傳播型。良好的公司品牌是公司文化、公關文化、管理文化、商業文化多層面作用下的產物，一是靠自我推銷，二靠大眾協力推銷的成果。用同一個聲音說話，立體性的傳播，達到此一目標，這是經理人高明之策。

(5)全員公關型。名牌公司造就名牌員工，名牌員工支撐名牌公司。名牌公司的文化理念、文化價值、文化素質都與名牌員工的公關意識緊密結合。在海爾集團，把公關意識滲透到公司的各個環節，不僅把公關作為一種方式和功能，而且更主要地把公關當做一種無限的價值。「價值就是公關，公關帶來價值」。

☑名牌公司公關文化的基本功能是增值無形資產

公司資產含有形資產與無形資產兩方面。凡是名牌公司，不僅靠有形資產塑造其實力品牌，更是靠無形資產提高知名度，增強競爭力。無形資產是一筆巨大的財產，單是從商標價值來看，名牌公司的無形資產增值比有形資產大且影響力也大。

要實現公司無形資產的價值有以下幾種基本實現方式：

(1)藉光揚名法。借各種名人之光、之名聲提高公司的知名度，傳播公司的訊息與品牌，古今中外都有例證。從公關文化這個角度看，藉文化名人，塑造公司品牌的文化是名牌公司的有效做法。

(2)贊助回報法。公司效力於社會，效力於社會大眾的公益事業，是最受尊敬的。只要抓住公關的良機，又捨得投入，其收無形效益是可觀的。

(3)設計包裝法。名牌公司之名，在於內涵文化的開掘，只有依靠品牌設計和文化包裝才能贏得社會大眾的心。

(4)評估張揚法。名牌公司的無形資產是現實的生產力，也是潛在的生產力。資產評估不僅是建立現代公司制度的需要，更是向社會大眾顯露身價、塑造品牌的需要。

近年來，資產評估，特別是商標評估，越來越受到有遠見的經理人重視。評估過程也是公關活動的過程，是公司文化、公司價值獲得認同的過程。

無形資產包括的內容很多，但最重要的是品牌價值。它是按照商標影響市場的能力、商標的穩定性、商標的交易環境、商標超過地理和文化邊界的能力、商標對行業發展方向的影響力、商標交流的有效性、訊息溝通的順暢性、商標擁有者的合法權利等七項內容來評價，並且透過可以量化的因素，分別估算有關品牌的市場佔有能力，超值創造能力和發展潛力。一年一次檢測，公諸於大眾，不僅是對名牌公司競爭力的一個考驗，也是對其身價高低向大眾做一次亮相、一次測試和一次回報。

實踐證明，透過公司無形資產的培植，提高名牌公司品牌的商譽價值和交易價值，是公關文化塑造公司品牌深度表現和新的貢獻。

☑名牌公司的基本優勢在於擁有公關文化型人才

人才領先是名牌公司的優勢之一。作為名牌公司的人才還有一個鮮明的特色，就是公關文化型人才擔當重要的角色。這方面人才的共同點是具有強烈的公關和文化意識，主要表現在：

(1)強烈的傳播公司理念意識。公司理念是公司經營方針、哲學、價值的表現，是凝聚人心的核能，是向社會的承諾。

(2)強烈的無形資產經營意識。名牌公司的無形資產是巨大的資本，是一座開挖不斷的金礦。公司創造無形資產要付出艱苦的勞動和大量的資金。對內要注重產品品質，加強管理；對外要塑造優良的公司品牌。宣傳、推廣無形資產要捨得投資，無形資產的投資收益往往得到幾十倍甚至上百倍的回報。

無形資產的知名度越高，散播面越大，增值率就越高。無形資產也是文化存量資產，要盤存、要經營，需要輔以於有效的公關活動。上海恆源祥公司，就是透過管理輸出無形資產取得成功的。

(3)強烈的品牌意識。公關文化型人才是名牌公司的財富。公關文化型人才共同之處就是熱愛品牌，維護品牌，推銷品牌。

(4)強烈的人才意識。凡是具有公關文化素質的公司管理者，都會識才、用才，培養人、關心人、保護人，充分發揮人才的聚合效應和潛在效能。在這方面，國內外成功的經理人皆具備這樣的能力。公關文化，是公關所能表現的思想觀念、價值觀念、道德觀念、行為準則和民族文化所表現的倫理、風俗、思維、人才等方面的關係總和。

公關文化的價值反映在市場性、時代性和大眾性方面。名牌公司的致勝之道，就在於公關文化的深度開發。這不僅是經理人的使命，也是公關界的歷史重任。

三、建立良好品牌是公司長遠發展的生命力

在流傳甚廣的《日本公司經營》一書提出：「在商品日趨豐富的社會中，選擇哪個公司的產品很大程度上取決於公司品牌」。

現實的確如此，隨著社會科學技術的進步，市場競爭日益增強，公司目前正在調整傳統的產品競爭觀念，一種更深層次的競爭觀念——公司品牌競爭已被提高到重要的地位上來，為樹立公司品牌的公關也就顯得尤為重要。

速食連鎖麥當勞從它的創始人克羅克開始就為公司制定了四個經營信條：

◆高品質的產品（Quality）

◆快捷微笑的服務（Service）

◆清潔優雅的環境（Clean）

◆超值（Value）

也就是人們所熟知QSCV理念。為了這一信條，麥當勞確實是這麼做的。在那裡，對食品的標準極嚴格，麵包不圓，切口不平均的不使用；奶精的溫度如果超過華

氏四十就要退貨；一片小小的牛肉要經過四十多項品質檢查；生菜從冷藏室拿到配料台，如果超過了兩小時那麼就不能使用；炸出的薯條七分鐘還賣不出去則扔掉……這是這樣近乎苛刻的要求，使麥當勞在速食界始終處於霸主地位。

為了公司品牌，麥當勞不僅在內部品質上下功夫，在對外商業公關上也毫不遜色。麥當勞的廣告多次獲得廣告界的大獎。世界各地麥當勞連鎖店長期舉辦的各種活動始終吸引著人們尤其是孩子們的目光。「不一樣的享受在麥當勞」，這是這樣的公關理念是麥當勞能夠長盛不衰。

由上述案例我們可以得出以下基本結論：公司品牌是公司行銷中的重要組成部分。良好的公司品牌不僅可以得到大眾的信任，而且能激勵員工士氣，形成良好的工作氣氛。良好的公司品牌不僅有利於公司招募人才，留住人才，而且有利於公司帶動起精益求精、奮發向上、追求效率的公司精神。

另外，良好的公司品牌不僅能增強投資者的好感和信心，容易籌集資金，而且它還能擴大公司知名度，擴大廣告宣傳效果與說服力，鞏固公司基礎，使公司營業銷售大幅度上升，擴大公司的市場佔有率。

對公司品牌進行策劃首先應該明確公司品牌的基本內涵，儘管人們對公司品牌在認知上差異很大，我們認為，所謂公司品牌就是指公司文化的綜合反映和外在表現，是公司透過自己的行為、產品、服務在社會大眾心目中繪製的藍圖，是大眾以其直接感受對公司做出的全部看法和評價。

公司品牌的策劃是一種創造性活動，無論是創意的方式，還是創意的主題表現，都帶有極強的個性。但是，從一般角度講，企劃人員對公司品牌進行策劃時，應從以下方面突出公司在社會大眾心目中的品牌：

☑公司品牌策劃應突出環境品牌

優美舒適的環境，會使人奮發向上，勇於進取，使公司員工產生一種對公司的熱愛及為公司效盡全力的信念。對外界大眾來講，優美的環境會給公司社區大眾留下良好印象，尤其是商業公司，高雅的裝潢、舒適的購物環境，不僅影響到消費者對商店的到訪率，而且還影響到消費者的購物信心。

☑公司品牌策劃應突出人的品牌

公司經營的好壞與經營管理者個體品牌關係極大。平庸的管理者可以使興盛的公司走向衰落，優秀的管理者可使瀕臨倒閉的公司起死回生。良好的管理者品牌可以增進公司的凝聚力，提高員工的積極性。

所謂公司管理者的品牌是指公司中管理集團特別是最高層領導的能力、素質、魄力、氣度和經營業績給員工及公司同行、社會大眾留下的印象。公司人員品牌策劃還應包括員工品牌。所謂員工品牌表現為公司員工的技術素質、文化水準、職業道德和儀態服裝等。員工是公司的品牌主體，員工品牌直接決定商品品牌，決定公司品牌。

☑公司品牌策劃應突出產品品牌

產品品牌的優劣取決於公司品牌乃至整個公司的命運。產品品牌可以表現在許多方面，但是，集中地講它主要表現在產品的品質、性能、商標、造型、包裝、名稱等在消費者和社會大眾心目中的品牌。

從行銷實踐來看，西方發展國家的公司無不重視產品品牌。從產品命名、款式的選擇、色彩的搭配等方面，事先都透過大量市場調查，在廣泛徵求社會大眾的意見後，對產品進行定位。

☑公司品牌策劃應突出服務品牌

優質服務是樹立良好公司品牌的保證。當今市場競爭激烈，在吸引顧客，超過同行競爭中，服務競爭已越來越被擺在突出的地位上。

☑公關人員在公司品牌策劃中還必須突出公司識別

換句話說，就是企劃人員用市場競爭的一切設計，採取獨立性和統一視覺，透過廣告及其他媒體加以擴散，有意識地造成個性化的視覺效果，以便喚起大眾的注意，使公司知名度不斷提高。

所謂統一性就是要確定統一的標誌、標準字、標準色，並將它貫穿於建築物的設計、服裝、包裝等方面。識別還要講究獨立性，公司品牌的塑造必須要有別於其他行業的不同的獨立個性，只有使大眾能在感覺上去感受本公司以及異於其他公司的地方，透過公司之間有明顯差異的區別，才能形成對公司特性的強烈印象。

第五章

危機公關為公司發展護航

第一節 公關危機是公司發展的暗礁

一、公關危機是如何發生的

公關對公司的作用以及在公司中的運用是人盡皆知。我們也能數出種種因為公關策劃很出色而一舉成名的公司。但說起危機公關，在很多公司中卻被絕大多數人所忽略。在他們的頭腦中，似乎公關只是幫公司做做宣傳，或者在媒體上見到公司的宣傳文章等等，這顯然是對危機公關的一種不理解。

我們先來看看什麼是危機公關。一般而言，是由於公司的變化或是社會上特殊事件引發的，對於一個公司或一個品牌產生的不良影響，並且在很短時間內涉及很廣的社會層面，這種不良影響對於公司或品牌來講就是一種危機，這個時候，如何來消除不良影響，恢復大眾信任，重塑公司品牌就是我們常說的危機公關。

充分認識公關危機產生的原因和應對策略，可以幫助公司更好地適應市場，穩健經營。公關危機的產生可分為內部因素和外界因素。內部因素又分為偶然事件和製造危機兩種。偶然事件是公司事先難以預料、不可控制的，如某商場的手扶梯夾傷兒童手指的意外事件等。

製造危機是指公司內部人員因行為不當與顧客或其他社會團體、個人之間引起衝突，或使衝突擴大化、引起廣泛的傳播，影響了公司的品牌形象。如在超市屢屢發生的對顧客搜身事件，對顧客投訴置之不理甚至肆意侮辱毆打顧客等。

這類事件的發生，有的是危機製造者公關意識淡薄，對公關危機的發生缺乏警惕性，對後果的嚴重性估計不足而製造了危機。有的明知自己的行為將會引起廣泛傳播、嚴重影響公司的聲譽和品牌，但仍逞一時之強，以自己一時的快意來犧牲公司利益。

產生公關危機的外在因素也有兩種。一種是競爭對手之間出於攻擊的目的，故意捏造散佈不利於對方的言論，以達到破壞對方品牌的卑劣目的，這是為正直人士所不齒的舉動，最終往往會使自己受到傷害。

另一種是因為公司受到天災人禍等原因造成了一定損失，比如火災，投資失誤等被外界誇大傳播，造成信任危機，最終形成嚴重的危機事件或公司本身並沒有錯，因被誤會而造成信任危機。

以上各種原因公關危機的產生，最應該引起公司界注意和警惕的是內部因素的製造危機。這種危機本是可以避免的，卻因為人們公關意識的淡薄而屢有發生，無謂地給公司造成難以挽回的損失。

對危機進行處理與反應就是危機公關的管理。公關危機主要來自於：

(1)公司對大眾和社會的不負責任，如假冒偽劣產品、未實現的服務承諾。

(2)領導者的素質不夠。

(3)公司內部管理的混亂和員工公關意識的缺乏，這一點在公家機關、行政機構表現得最為明顯。

(4)公關組織缺乏必要的準備，主要是對具體公關活動準備不足。

(5)組織反應不當。

(6)大眾自我保護意識的加強。

(7)有心人或組織的刻意破壞。

二、如何處理公關危機

對危機應該持一種正確積極的態度，使公司的行為與大眾的期望保持一致，並透過一系列對社會負責的行為來建立公司的信譽。時刻準備把握危機中的機遇；組建一個危機處理小組；對公司潛在的危機形態進行分類；制定預防危機的方針對策；為處理每一項潛在的危機指定具體的策略和戰術；組建危機控制和審核小組；確定可能受到危機影響的大眾；為最大限度減少危機對公司聲譽的破壞性影響，建立有效的傳播溝通管道；在制定危機應變計劃時，多傾聽專家的意見，以免重蹈覆轍；擬出書面方案，對有關方案計劃進行不斷的實驗性演練；為確保處理危機時有一批訓練有素的專業人員，平時應對他們進行專門培訓。

☑做好危機傳播方案

時刻準備在危機發生時，將大眾利益置於首位；掌握對外報導的主動權，以組織為第一消息發佈源；確定訊息傳播所需要的媒體；確定訊息傳播所針對的其他重要的外界大眾；準備好公司的背景資料，並不斷根據最新情況予以充實；建立新聞辦公室，作為記者會和媒體索取最新資料的場所；在危機期間為新聞記者準備好通訊所需設備；

設立危機新聞中心，以接受媒體電話諮詢，若有必要一天二十四小時開放；確保公司有足夠的訓練有素的人員來應付媒體及其他外界大眾打來的電話；應有一名高級公關代表參加公司危機處理小組，該小組需在危機控制中心工作；如有可能，在危機控制中心附近安排一間安靜的辦公室，以確保危機管理小組負責人和新聞撰稿人在裡面有效的工作；準備一份應急新聞稿，以便危機發生時直接發出；確保危機期間公司的電話總機人員能知道誰可能會打來電話，應接通至哪個部門。

公司在危機公關中應注意以下幾點原則：

在市場競爭日趨激烈的今天，危機無時不在威脅著公司的生存，一些看上去非常強大的公司特別是新興公司在遭遇一兩個似乎很小的危機後，便產生骨牌效應般的連鎖反應。

危機公關也包括公司在日常生產和經營管理過程中出現具有重大不利影響的突發事件時採取的應急公關策略，其目的是透過公關方式使公司危機對公司的負面影響降到最低。

(1)臨危不亂——危機的特點之一是潛伏性和意外性。公司面對突如其來的危機，應做到臨危不亂。亂則無法看清危機核心，亂則無法有效地公關統籌。公司要牢牢抓住危機核心，是因為決策錯誤還是新聞媒體誤導，抑或是產品本身品質缺陷，迅速制定明確的危機處理方案，爭取在短時間內控制局面。

(2)反應快捷，及時處理——危機具有危害性，甚至是災難性，如果不能及時控制，將可能影響到公司的生存，就會「千里之堤，潰於蟻穴」。危機發生後，公司一方面應以最快速度派出得力人員調查事故起因，安撫受害者，盡力縮小事態範圍；另一方面應主動與政府部門和新聞媒體，尤其是與具有公正性和權威性的傳媒聯繫，說明事實真相，盡力取得政府機構和傳媒的支持和諒解。

(3)主動性是危機公關的總原則——危機發生後，公司要主動慰問受害者，查明事故，向大眾公開事實真相，而一切歸根到底就是公司具有主動負責的精神。顧客至上，失去了顧客，公司的存在就沒有任何意義。顧客利益受損之後，公司應以最大的主動性負起責任，而不可與顧客糾纏於責任的劃分，計較於雙方責任的大小，這樣只會加深雙方的矛盾和分歧，導致顧客和輿論的反感和抵制。

對於顧客的投訴，公司既不能漠然處之，也不能極力辯解、推諉責任，甚至採取粗暴的對抗態度，任何被動的處理方式都會造成大眾的不信任感。公司有權依法保護自己的利益，但貿然訴諸法律，對公司品牌有百害而無一利，很可能會「贏了官司，失了民心」。

(4)堅持「以誠相待」的信條，敗中取勝——真誠必須是危機公關的絕對前提，「以誠相待」的公關才是公司取信於民、轉危為安的最佳公關。面對社會輿論的批評，採取「淡化矛盾」、「虛心讓人」的策略，強硬的態度只能導致大眾對抗的升級。

七〇年代初，日本本田公司發生過一次嚴懲危機，這就是著名的「瑕疵車事件」當時的本田剛擠入小型車市場，在幾家實力雄厚的大公司的夾縫中生存。然而，其剛打開銷路的「N360」型小轎車出現嚴重品質問題，客戶在使用過程中出現「搖晃」、「打轉」現象，造成上百人身傷亡事故。

受害者及家屬組成聯盟以示抗議，本田一下子聲名狼藉，公司生存岌岌可危。可貴的是，本田並未在輿論的重壓下亂了陣腳，而是立即決定，以「誠實」的態度承認錯誤。本田馬上舉行記者招待會，透過新聞媒體向社會認錯，總經理道歉之後引咎辭職。同時，宣佈收回所有「N360」型轎車，並向顧客賠償全部損失。他們還重金聘請消費者擔任本田的品質監督員，經常請記者到公司參觀訪問，接受輿論監督。

本田的「誠懇」感化了挑剔的日本人。此後，本田不但未因這次打擊一蹶不振，反而在大眾心中豎立了「屹立不搖」的公司品牌，「以誠相待」的危機公關挽救了本田。

三、做好危機的處理工作

面對危機，應考慮到最壞的可能，並及時有條不紊地採取行動；危機發生時，要以最快的速度設立危機控制中心，調派訓練有素的專業人員，以實施危機控制和管理計劃。

新聞辦公室應不斷瞭解危機管理的進展情況；設立專線電話，以應付危機期間外界打來的大量電話，要讓訓練有素的人來接專線電話；瞭解公司的大眾，傾聽他們的意見，並確保公司把握大眾的抱怨情緒，可能的話透過調查研究來驗證公司的看法。

設法使受到危機影響的大眾站到公司的一邊，幫助公司解決有關問題；邀請公正且具權威性的機構來幫助解決危機，以便確保社會大眾對公司的信任；時刻準備應付意外情況，隨時準備修改公司的計劃，切勿低估危機的嚴重性；要善於創新，以便更好的解決危機。

別介意臨陣退卻者，因為有更重要的問題要處理；危機管理人員要有足夠的承受能力；當危機處理完畢後，應吸取教訓並加以教育其他同行。

作好危機中的傳播工作。危機發生後，要儘快對外發佈有關背景情況以顯示公司已有所準備，準備好訊息準確的新聞稿，告訴大眾發生了什麼危機，並正採取什麼補救措施；當人們問及發生什麼危機時，只有確切瞭解事故的真實原因後才能對外發佈消息；不要發佈不準確的消息；瞭解更多事實後再發出新聞稿。

宣佈召開記者會的時間，儘可能地減輕大眾電話詢問的壓力，作好舉行記者會所需的各項準備工作；熟悉媒體的工作時間；如果新聞報導與事實不符，應及時予以指出並要求更正；要建立廣泛的訊息來源，與記者和當地的媒體保持良好的關係，及時透過他們對外發佈最新消息；要善於利用媒體與大眾進行傳播溝通，以控制危機；在傳達中，要用清晰的語言告訴大眾公司關心所發生的危機，並正採取行動來處理危機；確保公司（組織）在危機處理中，有一系列對社會負責的行為以增強社會對公司的信任。

四、危機處理，盡顯公司公關本領

公關危機的處理是公司公關工作的一項重要內容。公司一旦出現公關危機，公關人員應迅速根據具體情況做出反應，協助公司負責人調查危機或事故的原委，做好善後工作。

可口可樂公司在「比利時事件」中，事發後沒有意識到問題的嚴重性，沒有立即採取積極的姿態聲明自己的態度，甚至沒有宣佈要收回受污染的產品，以免連累其他市場的可口可樂的產品信譽，而是一再聲明自己產品的安全可靠，消費者難以分清是非，誤以為所有可口可樂產品都是可疑的，最後造成比利時和其他鄰近國家飲料零售商採取局部或全部停售可口可樂產品。

可口可樂公司在這場危機中的表現令社會大眾大為不滿，品牌遭到了前所未有的損害。這一事件已被公關界作為典型的公關案例來引用，其中的教訓確實令人深思。

公司必須重視公關危機的處理，其處理一般可採取下列策略：

☑迅速收回不合格產品

由於產品品質問題所造成的危機是最常見的危機，一旦出現這類危機，應不惜一切代價迅速收回所有在市場上的不合格產品，並利用大眾傳媒告知社會大眾如何退回這些產品的方法。

八〇年代初期，美國保健產品龍頭公司強生公司遇到過一次信譽危機事件。那時強生公司生產的一種止痛藥中混入了有毒物質導致七人死亡。

在政府正商討對策，傳媒尚未大肆報導前，強生公司搶先一步，迅速收回市面上出售的該種止痛藥。這次事件雖然令強生公司損失上億美元，並影響到公司產品的短期銷售，但一場品質風波卻就此平息。其後強生公司很快又奪回了止痛藥市場的領導地位。

強生公司曾提及他們解決這次危機的三大祕訣：迅速收回受污染的產品，向消費者開誠佈公地解釋癥結所在，在第一時間向社會大眾公開道歉以示誠意。而可口可樂公司在比利時事件中的失誤恰恰就在於沒有真正做到這三點。

☑對有關人員予以損失補償

公司出現嚴重異常情況，特別是出現重大責任事故，使大眾利益受損時，公司必須承擔責任，給予大眾一定的精神補償和物質補償。比如，據報導，美國一家大型藥局營業員在銷售藥品時拿錯了藥。

顧客回家發現後，找到了藥局。藥局管理層迅速做出反應：一是向顧客誠懇道歉；二是以數十倍的賠償彌補顧客的損失；三是以數千元的罰款懲罰管理者，並對負直接責任的員工做出了處分；四是制定出重塑公司良好品牌的一系列措施。以上舉動得到了顧客的諒解，避免了藥局的信譽受損，贏得了大眾的理解與支持。

☑利用傳媒引導大眾

危機發生，不管是應付危機的常設機構，還是臨時組織起來的危機處理小組，均應當迅速各司其職，儘快搜索一切與危機有關的訊息並挑選一個可靠、有經驗的發言人，將有關情況告知社會大眾。如舉辦記者會或記者招待會，向大眾介紹真相以及正在進行補救的措施。

做好與新聞媒體的聯繫使其及時準確報導，以此去影響大眾、引導輿論，使不正確的、消極的大眾反映和社會輿論轉化為正確的、積極的大眾反映和社會輿論，並使觀望懷疑者消除疑慮，成為公司的忠實支持者。

同時，當公司與當事者出現分歧、矛盾、誤解甚至對立時，應該本著以誠相待、先利他人的原則，運用協商對話的方式，認真傾聽和考慮對方意見，化解積怨、消除隔閡。

☑利用權威意見處理危機

在某些特殊的公關危機處理中，公司與大眾的看法不盡相同，難以調解。這時，必須依靠權威專家發表意見。比如，某銀行發生擠兌風潮，該銀行負責人請政府官員來到現場，向蜂擁而至的提款人做了權威性的解釋說明，進而平息了風波。

處理公關危機的權威主要有兩種：一是權威機構，如政府部門、專業機構、消費者協會等；二是權威人士，如公關專家、行業專家等。在很多情況下，權威意見往往對公關危機的處理能產生決定性的作用。

☑利用法律處理危機

指運用法律方式來處理公關危機。法律方式主要包括兩個環節：一是依據事實和有關法律條款來處理；二是遵循法律程式來處理。

運用法律處理公關危機有兩個作用：一是維持處理危機事件的正常秩序；二是保護公司和大眾的合法權益。在公司信譽受到侵害時，運用此種方法，會收到較好的效果。

☑公佈造成危機的原因

公司公關危機發生後，應坦誠地向社會大眾及新聞界說明造成危機的原因。如果是自己的責任，則應當勇於向社會承認；如果是別人的故意陷害，則應透過各種方式使真相大白，最主要的是要隨時向新聞界等說明事態的發展情況及澄清無事實根據的「小道消息」及流言蜚語。

公關是一門藝術，而處理危機的公關則是更難的藝術。最佳危機處理獎的評選標準是：危機事件發生時，組織處理之態度；危機事件發生時，組織處理之過程（公正、率直及專職小組的設立）；公關活動後，社會對該組織的評價，含大眾傳媒的評論與一般輿論；平時的準備和機構。

公司在處理危機時，千萬不能感情用事，否則會令事情更糟。

☑重塑良好的大眾形象

公關危機的出現，或多或少地會使公司的品牌受到不同程度的損害。雖然公關危機得到了妥善處理，但並不等於危機已經結束，公司還必須恢復和重建良好的大眾形象。

要針對品牌受損的內容和程度，重點展開彌補品牌缺陷的公關活動，密切保持與大眾的聯絡與交往，敞開公司的大門，歡迎大眾的參觀和瞭解，告訴大眾公司新的工作進展和經營狀況，從根本上改變大眾對公司的不良印象。

只有當公司的大眾形象重新建立時，公司的公關才能談得上真正的轉危為安，公關危機處理才談得上圓滿結束。

第二節 公關危機的預防

一、危機預防才是應付公關危機的根本

現代的公關危機由於網路的介入，使得危機造成的負面影響也極為嚴重。因此，事前有一個自己的危機預測和關於危機來臨時要如何應對的計劃是必不可少的。在這個計劃中，我們完全可以設想一下公司可能會發生什麼樣的危機，並在其中預先做好預防的準備。有了這個計劃，公司才能面對突如其來的公關危機有條不紊地拿出自己的應對之策。

但有了這個計劃之後並不等於是說可以高枕無憂了，在危機中的正確處理方法才是關鍵。從公關危機的發生到消除來看，可以分為三個階段。

一開始是危機到來時的準備期間。在這期間，首先就要建立危機處理小組。這個

小組要從各個方面來確定公司什麼應該說，什麼不應該說，什麼應該強調，什麼應該讓外界明瞭。要充分集合公司各個方面的資源，在公司內部與外界之間做好溝通的橋梁。

在這一階段，需要有專人二十四小時監控媒體與輿論的發展情況，並隨時根據新的狀況發出自己的聲音。要知道，在網路中，壞消息的傳播速度是不會等你來慢慢研究對策的，而這個時候，已經得到了不好消息的，觀眾也在期待著事件的主角出來發出自己的聲音。遲鈍只能導致各種臆測和流言的蔓延。因此，快速的反映就顯得至關重要。

第二是危機處理期。這一期間要陸續展開在準備期制定的方針、政策，有步驟地實施危機處理策略。

第三就是恢復期。在這一期間要儘快恢復公司信譽與商業品牌，重新取得客戶或是政府部門以及社會的信任。

現在大公司公關已經設立了專門人員，專門處理公司危機。對可能出現的情況：比如高層離職、訴訟、媒體負面報導都做了計劃和工作流程，一旦出現問題，會迅速採取某計劃解決。就目前公司而言，尤其是新興的網路公司，設立自己專門的對外發言人，由他來進行公司的內部情況進行協調，同時與外界，尤其是媒體與政府部門保持緊密聯繫。

在對全球工業五百大的董事長和總經理的調查中，發現這些公司被危機困擾的時間，平均八週半（危機後遺症的波及時間平均為八週，），沒有應變計劃的公司，要比有應變計劃的公司長二・五倍。可見，對危機進行預防是必要的。對於公司公關危機的預防工作，可以從以下幾個方面進行操作：

☑設立應付危機的常置機構

它可以由以下人員組成：決策層負責人、公關部門經理、人事部經理等。這些人員應保證其暢通的聯繫管道，日常應考慮的問題是：組織應變能力如何；對於最有可能產生的危機內容是否有相應的準備；如果所預測的危機一旦爆發，有無具體的應對措施。

☑注意公司危機前的信號

由於公司公關危機是公司與社會環境互動的失調，因此，在危機爆發之前，必然要顯示出一些信號。一般來說，當公關人員在工作的過程中發現公司存在如下一些特點時，就有必要提請決策部門注意，而自己也應進一步加強監控：傷害組織或組織決策人品牌的輿論越來越多；特別受到政府、新聞界或特定人士的「關注」；公司的各項財務指標不斷下降；組織遇到的麻煩越來越多；組織的運轉效率不斷降低。

☑制定危機問題管理方案

對於一個公司來說，有效的危機問題管理可以防止危機的出現或改變危機發生的過程、實施危機問題管理時，應考慮以下幾個方面的情況：檢查所有可能對公司與社會產生摩擦的問題或趨勢；確定需要考慮的具體問題；估計這些問題對公司的生存與發展的潛在影響；確定公司對各種問題的應付態度；決定對一些需要解決的問題採取的行動方針；實施具體的解決方案和行動計劃；不斷監控行動結果，獲取反應訊息，根據需要修正具體方案。

公司公關危機，在公司整個生命週期中是不可避免的。對於危機，最重要的是要預防它的發生，並預見可能發生的危機；公司越早認識到存在的威脅，越早採取適當的行動，越可能控制住問題的發展。

二、儘早啟動危機公關

一九九九年三月，兩名美國東芝筆記型電腦客戶以「電腦內置的ＦＤＣ半導體存在引起硬碟錯誤而導致資料破壞的可能性」為由，將東芝告上法庭。東芝承認電腦性能有問題、應負法律責任，但考慮到如果敗訴，有可能會被索賠一百億美元的可能，於是東芝選擇以十．五億美元達成庭外和解。

但此舉引發了沒有獲得賠償的一些國家強烈抗議。東芝公司根本沒有想到這項消息會在一週內造成這樣無法控制的局面。也是到了這時，他才想起自己該說點什麼。但，此刻已失掉了危機公關處理中最重要的「前二十四小時」。沒能在最短的時間內將事件控制在最小的範圍之內；沒有立即成立工作小組定出處理事件的方案，表明公司對這件事的態度；沒有有經驗的發言人與媒體進行有效溝通；沒有表達對消費者的關心；沒有尋求權威機構的幫助獲得有力的支持；沒有設立二十四小時工作的諮詢工作電話。東芝在新聞媒體的「幫助」下，懵懵懂懂地被推到了被告席。

東芝公司一直強調他在美國支付的十．五億美元是庭外和解金。並且在過去的十五年裡，東芝銷往世界各地的一千五百萬台筆記型電腦中，沒有出現過任何一起由FDC為起因而發生電腦故障的投訴。

但從美國的法律角度看，即使沒有實際發生損害，只根據可能性就可能認定損害賠償。並且此次集體訴訟又發生在具有多宗巨額賠償案例的德克薩斯州。與其冒被判高達一百億美元的風險，不如退而求其次，所以東芝公司在美國選擇了以十．五億美元取得了庭外和解。

事後，東芝公關部門負責人大森圭介總結：此事件讓東芝認識到，光靠產品說話是不夠的，還必須得用人來說話。

危機本來是可以避免的。正如東芝公關總監事後總結的那樣，光有好的產品是不夠的。應成立一個專門的公關部門與大眾和媒體進行溝通。

如果在第一篇負面報導出來之後，東芝美國區公關部門立即調查事實採取行動，向當事人作說明；請法律專家、消費者協會出來協調；取得媒體的支持與諒解，那麼就不會有後面的結果。

諾思科特・帕金森認為，危機中傳播的失誤造成的真空，會很快被顛倒黑白、胡說八道的流言所佔據。「無可奉告」一類的詞語只會引起人們更強烈的好奇心。

如果危機發生後，沒有什麼人能出來說些什麼。那麼人們就會用想像來填滿所有的疑問，謠言聽多了也就成了真理。

一九九六年，美國百事可樂注射器事件中，在一對八十多歲的老夫婦投訴，百事可樂的易開罐有注射器的報導出現後的第三天，就有報導說第二宗相同的事件被發現。到第五天的報導，就變成全美有十二個州發現百事可樂易開罐中發現有注射器。數量大得讓人們開始懷疑傳言的真實性，因為太離奇了。

事後查明，老翁在使用注射器之後隨手將注射器放入了身邊的空百事易開罐中。

又如強生公司在一九八二年九月二十九日至三十日期間，發生了有人因服用含有氰化物的「泰萊諾爾」藥片而中毒死亡的事故。

起先，僅有三人因服用藥品死亡，但隨著消息的擴散，據稱全美共有二五〇人因服用該藥死亡。事後查明，真正因此藥死亡的人數僅為七人。

當事件發生時，如果當事人或者公司什麼都不說，那麼記者們會用臆測來完成他的報導，因為這是他的生計。而大眾對事件的看法主要依賴於媒體，如果沒有進行有效的公關傳播工作，不正確的報導只會讓事情朝不利的方向發展下去。

重要的是一個態度——「在現代社會裡，人們對公司的社會責任的期望值越來越高。若一個公司在發生危機事件時，不能與大眾進行溝通，不能很好地告訴大眾他的態度、他正在盡力做什麼。這無疑會給組織的信譽帶來致命的打擊，甚至有可能導致公司滅亡。」邁克•傑斯特在他的書的一開頭就提到。

在事件發生後，一個公司如果有誠意。那麼，對或錯就變得不再重要。對人們而言，感覺勝於事實。

強生公司因成功處理「泰萊諾爾」中毒事件，獲得了當年度美國公關協會頒發的「銀砧獎」。由於強生公司在事發後立即收回了芝加哥地區的「泰萊諾爾」藥品，大眾覺得自己受到重視；反之，如果強生公司一味採取強硬的態度，那麼，公司信譽會因人們對中毒的恐懼而遭受巨大的打擊。

七〇年代，一場抵制運動讓雀巢嬰兒奶粉危機延續了十多年。一直到一九八四年一月，由於雀巢公司承認並實施了世界衛生組織有關經銷母乳替代品的國際法規，國際抵制雀巢產品運動委員會才結束活動。

在最初，人們開始關注奶粉導致嬰兒營養不良的問題時，雀巢公司試圖把它作為一個營養問題，提供了很多科學資料。公司沒有正確對待社會活動家的批評建議，甚至對一些教會領袖提出的嚴肅的道德問題也採取冷漠的態度。人們因感到他們合法而嚴肅的要求被忽視而倍增敵意。

一九七七年一場著名的「抵制雀巢產品」運動在美國爆發了。美國乳製品行動聯合會的會員到處勸說美國公民不要購買「雀巢」產品。在被抵制的十多年時間裡，雀巢美國公司一直在承受巨額的經濟損失。

強生公司在中毒事件發生後很短時間內收回了數百瓶藥品，並花了五十萬美元向可能與此有關的物件及時發出訊息。《華爾街日報》評論說：「強生公司選擇了自己承擔巨大損失的做法，如果他當時昧著良心，將會遇到更大的麻煩。」

事後，強生公司不僅在價值高達十二億美元的止痛片市場上收回了失地，還利用宣導無污染藥品包裝趕走了競爭對手。

「公司重要的是一個態度，並且輿論與法律總是保護弱者。如果是可以預見到民事訴訟的損失，主動表示關注是公司危機公關必須注意的首要原則。」公關是訊息的管理者，有效的訊息傳播使得事態趨於好的方向；而無效的訊息傳播則讓事情朝壞的方向發展。

公司大眾形象的建立是長時間的人力物力財力堆積而成的，但在危機期間或危機後的幾小時沒能與大眾進行有效的傳播溝通，就可能讓公司品牌大打折扣，或者前功盡棄。「你絕不可以改變事實，但卻可以改變人們對事件的看法。」

三、一個公司的策略眼光、經營能力、組織效率、公關意識等等均會在一次危機中被展示

現代公司打造轉危為安的方舟卻必須有厚積而薄發的底蘊。有人說看一個公司的

實力只需知道它如何面臨危機就行了。公司的策略眼光、經營能力、組織效率乃至公關意識，都在危機中得到集中而全面的表現。如果把處理危機比喻為成功的方舟。危機到來時並不按常理出牌，若要治理危機手裡必須要有幾張王牌。

以可口可樂為例——首先是人力資源。可口可樂平時都有危機處理小組，成員包括各部門抽樣的人員，如瓶裝廠總經理、生產銷售人員、對外推銷人員、技術監控人員，甚至電話接線員。一旦危機發生電話如潮而至時，訓練有素的接線員是公關的第一道把關者。

每年危機處理小組都要接受幾次培訓，培訓內容聽起來像遊戲，比如類比記者採訪，類比處理事件程序；幾個人進行角色互換，總經理扮演監控人員，公關人員扮演總經理之類。這樣可以從不同的角度來為事態全域處理。

與政府部門、媒體的關係也不是一蹴可及的。幾天之內不可能完成上述一系列步驟。

在危機發生時可口可樂幾小時內就可以聯絡到總裁，不管他正在進行高級談判，還是在加勒比海渡假，這大概是可口可樂嚴密高效的組織協作的表現。可口可樂有一個龐大的裝瓶體系。例如在中國，可口可樂只有一個獨資的飲料廠，在其餘二十三家裝瓶廠中佔有股份。這二十三家廠負責可口可樂全部的生產銷售。它們步調一致，危機發生時都知道該說什麼，不該說什麼。

當然，可口可樂最得意的一張王牌是它樹立起來的品牌。具體到中國，它的本土化策略現在已經到了收穫的季節。在危機的源頭比利時，可口可樂不惜成本地回收所有可樂，而在中國卻泰然自若。因為中國銷售的可樂都是為當地產的，不存在污染問題。

四、危機公關的義意

可口可樂總裁在比利時，承認這次處理速度比較慢。認為自己對這次事件負有不可推卸的責任，並當場喝掉一瓶可口可樂。他承諾說讓每個比利時人免費喝一瓶可口可樂。公開誠實、勇於承擔責任，他自己也在實踐著危機公關的要義。

有鑑於此，我們必須看到，危機固然是存在的，但是危機發生時，能否臨危不亂保持冷靜的頭腦，才是衡量一個公司，一位管理者素質的關鍵所在。公司和他的管理者的這種自信是其下屬工作的最好擔保，而這種自信源於平時的準備和教育的結果。

公司管理專家湯姆金認為，一般公司處理此類危機正確的做法大體有三步：一是收回有問題的產品；二是向消費者及時講明事態發展情況；三是儘快地進行道歉。

以此對照，可以看出可口可樂公司都做了，但卻遲了一個星期，而且是在比利時政府做出停售可口可樂的決定之後。連比利時的衛生部長範登波也抱怨說，像可口可樂這樣在全球享有盛譽的大公司，面對危機的反應如此之慢，實在令人難以理解。

經營管理不善、市場訊息不足、同行競爭，甚至遭遇惡意破壞等，加之其他自然災害、事故，都使得現在大大小小的公司危機四伏。所有這些危機、事故和災難作為一種公共事件，任何組織在危機中採取的行動，都會受到大眾的審視。一個組織如果在危機處理方面採取的措施失當，將使公司的品牌和公司信譽受到致命打擊，甚至危及生存。

如果按照管理專家們的劃分，危機管理大體可分為危機預防和危機處理兩類，前者是在危機發生前的未雨綢繆，一般公司都比較重視。而對於後者，即危機發生後如何處理應付，公司往往心理準備和措施準備都遠遠不足。於是有專家警告，危機處理是現代公司的一個薄弱環節。

儘管可口可樂公司的危機公關處理受到了專家們的負評，但作為一個危機公關的案例，對於相當多的公司來說，仍不乏警示和借鑑意義。

可口可樂公司在中毒事件中表現出來的處理危機的方法，仍有不少可以借鑑的成功之處。比如它並沒有因為自己是全球最大的飲料公司就凌駕於消費者之上，置之不理，而是一直以一種富有人情味的態度來對待消費者，以積極主動的道歉而不是推委責任的辯解和說明，表現了公司勇於承擔責任，對消費者負責的公司精神，獲得了消費者的同情。

顯然，公司必須要樹立有關危機管理和危機公關的意識，並將其作為現代管理的重要組成部分來對待。

為了應對各種突發的危機事件，西方現代公司一般都將其納入管理的內容，形成了獨特的危機管理機制。譬如，倫敦證券交易所為避免公司危機對股市的衝擊，就提出了新規定，要求上市公司必須建立危機管理體制，並要對此定期提交報告。

一般而言，公司的危機處理機制由公司外部和內部兩大部分組成：公司內部，在高層設立發言人或危機管理經理，專門研究和處理危機事件發生的策略和措施。公司的中級管理層尤其是各地區的經理，要有危機管理的素質，在遇到突發性事件時，一方面及時向公司高層報告，同時也要能夠充分掌控所在地的局面。

譬如，積極地與媒體打交道，有效地引導輿論等。在公司的外部，公司一般要委託一些類似諮詢公司的仲介機構，與傳媒維持一個良好的合作關係，一旦公司發生危機，可以迅速及時地組織和調動媒體，展開公司的宣傳攻勢，將可能蔓延開的損失減至最小。

第三節 危機過後，公司形象的重建

一、迅速應對儘快恢復公司形象

一九九九年六月，在酷暑中最難熬的政府是比利時，而最難過的公司大概要算可口可樂了。此一事態未平，比利時及歐洲飲料市場又起波瀾。

繼比利時首先宣佈禁止銷售比利時可口可樂公司生產的可口可樂和芬達、雪碧等飲料之後，盧森堡也宣佈暫時禁止銷售由該公司生產的可口可樂。在荷蘭，可口可樂公司主動將由比利時可口可樂公司的產品從市場撤回。與此同時，歐盟就可口可樂產品可能帶來的危險向其成員國發出警告。

事件的起因是，在比利時連續發生幾起、至少一百多名中學生喝了可口可樂而中毒的事件，主要症狀是噁心、頭痛和高燒。在資訊已經很發達的當時，這個一百多年的世界飲料巨頭無疑面臨一場信任危機。

但在可口可樂總部的電腦裡，透過公司內部網站傳來的關於事件所有的消息，發現的問題及統一對外的原則已靜靜地等在那裡。危機處理小組緊急召開會議決定處理方案。

為了讓消費者儘量瞭解事實真相，減少他們的疑慮，公司公關人員全體緊密協作，並與媒體密切溝通。當天，許多媒體均發佈了消息，稱比利時安特惠普裝瓶廠使用不純正的二氧化碳以致產品帶有異味。部分由法國敦克爾克廠供應的罐裝飲料也因真空罐底部受到污染，因而產生異味。與所有其他國家的裝瓶廠無關，因此其他國家不會出現不純正二氧化碳問題；可口可樂公司強調這次事件與環境污染及病菌無關。

與此同時，世界各地可口可樂有關機構配合當地衛生部門的檢查，提供供應商及檢驗標準的資料。

可口可樂行政總裁當場喝了一瓶可口可樂，六月二十二日，可口可樂行政總裁艾華士直飛比利時接受專訪，公開向消費者道歉，並表示了可口可樂對於重塑消費者信心方面的信心和措施。從在當地發來的照片可以看出，可口可樂的第一個也是最直接的措施是總裁當場喝了一瓶可口可樂。

一九九九年六月十七日，可口可樂公司首席執行官依維斯特專程從美國趕到比利時首都布魯塞爾舉行記者招待會。第二天，比利時的各家報紙上出現了由依維斯特簽名的致消費者的公開信，仔細解釋了事故的原因，信中還做出種種保證，並提出要向比利時每戶家庭贈送一瓶可口可樂，以表示可口可樂公司的歉意。

與此同時，可口可樂公司宣佈，將比利時國內同期上市的可口可樂全部收回，儘快宣佈調查化驗結果，說明事故的影響範圍，並讓消費者退貨。可口可樂公司還表示要為所有中毒的顧客負擔醫療費用。

可口可樂其他地區的主管也宣佈其產品與比利時事件無關，市場銷售正常，從而穩定了事件故地區外的人心，控制了危機的蔓延。此外，可口可樂公司還設立了專線電話，並在英特網上為比利時的消費者開設了專門網頁，回答消費者提出的各種問題。比如，事件影響的範圍有多大，如何鑑別新出廠的可口可樂和受污染的可樂，如何辦理退貨等。整個事件的過程中，可口可樂公司都牢牢地把握住訊息的發佈源，防止危機訊息的錯誤擴散，將公司品牌的損失降低到最小的限度。

六月二十三日，比利時衛生部決定，從二十四日起取消對可口可樂的禁銷令，准許可口可樂系列產品在比利時重新上市。

法國財政部長史特勞斯·卡恩二十四日宣佈，從即日起取消對可口可樂的禁銷令，批准可口可樂系列飲料重新在法國上市。史特勞斯·卡恩是在法國食品衛生安全部門對可口可樂飲品檢驗合格後，取消這一禁令的。

法國食品部門在對法國敦克爾克的可口可樂生產工廠進行了嚴格安全檢查後證實，現在該工廠生產的可口可樂、健怡可樂、芬達和雪碧等系列飲料都十分衛生，完全可供消費者飲用。

隨著這一公關宣傳的深入和擴展，可口可樂的品牌開始逐步地恢復。不久，比利時的一些居民陸續收到了可口可樂公司的贈品券，上面寫著：「我們非常高興地通知您，可口可樂又回到了市場。」孩子們拿著可口可樂公司發給每個家庭的贈品券，高興地從商場裡領回免費的可口可樂：「我又可以喝可樂了。」商場裡，也可以見到人們在一箱箱地購買可口可樂。中毒事件平息下來，可口可樂重新出現在比利時和法國商店的貨架上。

從第一例事故發生到禁令的發佈，僅十天時間，可口可樂公司的股票價格下跌了六%。據初步估計，可口可樂公司共收回了十四億瓶可樂，中毒事件造成的直接經濟損失高達六千多萬美元。比利時的一家報紙評價說，可口可樂雖然為此付出了代價，卻贏得了消費者的信任。

可口可樂公司渡過了艱難的危機時刻，但是這次事件卻遠未從可口可樂這樣的歐美大公司中消除影響。可口可樂的主要競爭對手百事可樂歐洲總公司的總裁邁洛克斯，給所有的員工發出一封電子信函。信中說：「我想強調的是，我們不應將此次可口可樂事件視為一個可以利用的機會，我們必須引以為誡，重視公司與消費者之間的關係。」

可見採取有效措施儘快使大眾從危機中走出來，使公司形象的損害減少到最小是公司公關人員應該做的工作。

二、跌倒再爬起來

日本TDK集團在六〇年代末，因經營不善所形成的高負債導致公司陷於困境。一九六九年，索野總經理上任後，對公司品牌進行了一系列策劃，公司素質逐步得到改觀，經營開始出現高速增長。特別是一九七六年至一九八一年五年間，TDK的，隱銷售額由九百一十一億日元增至二千七百億日元，五年間增長了三倍。增長速度一直穩定在二位數。

TDK的成功取決於以下策略。

(1)突出產品技術性能，以乘積效用來帶動整體產品結構的良性發展。TDK在公司技術儲備和研究開發上下功夫，把技術分為肯定性技術、否定性技術、本公司沒有的技術。聘用最優秀的技術人員進行技術開發和改造。公司規定，TDK發售的產品在市場中不允許超過三年，產品應不斷更新。

為了確保市場，公司要求世界各地銷售人員每天必須搜集當地產品訊息向總部反應，以便調整生產，適應市場。

(2)重視人員培訓，積極引進人才。TDK對事業部人員實行定期考核和培訓，在用人上，公司一貫宣導能力主義，以目標管理、個人申報、人事考核一體化的自我管理制度取代以資歷和學歷看人的做法，以此作為人事管理的根本。新職員必須經過嚴格的公司內部培訓，落實教育目標。對管理人員採用「中途錄用」原則。

由於公司是戰後發展起來的公司，事業部長級、科長級幹部四十%是從其他公司引進的人才。不同公司工作的經驗各異，思考問題角度也不同，匯在一起，使TDK的經營風格別具一格，思維敏捷，銳意改革促進了公司的發展。

(3)宣傳標識，突出品牌，積極行銷。品牌如同一個人的名字一樣，必須便於消費者識記。如果公司的名稱念起來繞口，就不利於消費者記憶。為了突出公司視覺識別，要有公司標誌設計，經過調研，最後以「TDK」作為公司標誌。標誌凝聚了許多無法用文字和語言表達的意義和內容，讓人記憶深刻。

公司廣告和公司宣傳及社會贊助、體育事業等活動，皆以TDK出現，公司聲譽有了提高。加上重視產品品質和技術，TDK銷售市場拓展很快，五年間，TDK國外銷售額平均增長率為三十三%，國內達到二十%，TDK成了世界錄音、錄影帶業的銷售之王。

(4)實行導向開發的組織結構，發掘內在潛力。TDK實行事業部組織結構，將事業部細分為「下一期事業部」、「未來事業部」和「現有事業部」三部分。現有事業部主要承擔公司目前的生產和盈利，未來事業部主要研究集團公司未來命運的開發工作，形成策略決策後，由下一期事業部逐步完成。

為了鼓勵員工樹立遠大志向，帶有自豪感工作，公司不斷改革組織制度以及大規模地持續進行職位調換、使公司經常處於交替轉換，蓬勃向上的狀態。為了創立一種文化氣氛，TDK生產工廠環境要求像花園一樣美麗，給員工每天一個清新悅目的感覺，讓員工在愉快心情、優美的環境中工作。這樣積極性才能得到更好發揮。

總之，公司品牌在市場競爭中的獨特作用，已引起了經理人注目，在公司文化出現多樣化的今天，公司只有轉變經營觀念，用深層次的文化競爭去搶佔至高點，才能在市場競爭中居於有利地位。公司品牌競爭，已成為公司競爭策略中的最為重要的部分。

第四節 如何運用公關爲公司發展排除障礙

一、公關危機之後的品牌反策劃

☑品牌公關危機反策劃

品牌的公關危機，是指危害品牌生存的重大事件，包括因產品品質、銷售信用、財務狀況、社會關係等重大事件引發社會大眾對公司及其品牌的信譽危機，它的直接惡果是公司品牌遭至嚴重破壞，品牌綜合力迅速下降，市場急劇萎縮，公司根基搖搖欲墜。

品牌公關危機有個性品牌和共同品牌公關危機兩種，前者系由公司內部因素造成，事件較為常見，不再贅言；共同品牌危機是由他方或社會所帶來的連鎖反應而造成自身危機。

公司常因「事不關己，高高在上」，最後卻「城牆失火，殃及池魚」，教訓頗大。而此時若能迅速做出策劃，因勢利導，藉勢造勢，壞事就能變成好事，危機就會變成商機。

☑品牌擴張反策劃

品牌就如核能，總在累積、醞釀、釋放與爆發中不斷演變，達到輝煌。品牌自從它創立時起，品牌的兼併擴張同時啟動，後者是品牌內在價值最大化的必然需求。然而品牌兼併擴張如一把雙刃劍，它常出現兩種情形，一是「單贏」；二是「雙贏」，共生共榮，品牌雙方因鬥爭而迅速擴張壯大。

後者是品牌真正意義之所在，也是品牌兼併擴張的終極目的。因此品牌競爭雙方面對兼併擴張，不要總把其理解成一場「你死我活的鬥爭」，而是應轉換思想更新觀念，及時調整自己，及早應對，以歡迎競爭的形式參與競爭，把壓力化為動力，從而在競爭中磨煉自己，壯大自己，最終達到雙贏共榮的境界。

☑品牌廣告反策劃

在如今的經濟時代下，每家公司都在千方百計打造自己的品牌，問題在於如何引起消費者的「注意力」來塑造品牌的獨特品牌。

廣告是架起品牌與消費者聯繫的橋梁。因此要使自己的品牌或服務在撲朔迷離、莫衷一是的芸芸品牌之中，有別於其他競爭品，廣告就要千方百計竭盡所能，培養消費者在做出購買決策時產生對自己的良好情感。

品牌廣告反策劃正是在這種背景下做出差別行銷，樹立獨特賣點。它與跟進模仿策略不同，逆而行之反其道而走，甚至不惜扮演「叛逆」的角色來標新立異，吸引最多注意，廣而告之，進而最終出奇致勝。

☑品牌虛擬反策劃

所謂「虛擬經營」，顧名思義，是相對實體經營而言，指對一些目前尚未看到、不能利用、不屬於自己的或具有中間關係的東西和資源進行組織、重新構建、加以利用、變成公司及其品牌可利用的內在動力和過程。

投資再建一個工廠資金巨大市場風險也大，但如發揮利用虛擬資源作用，輸出部分資金，利用租賃形式或委託加工形式，他方的生產線、廠房設備、可生產工人等實體資源就可成為自己的概念資源或虛擬資源。

這就是「借雞生蛋」。品牌是典型綜合性、極差價值巨大的無形資產。一個名牌公司可以不花一分錢，憑其良好商譽輸出自己，在各地選擇符合其生產條件、標準的工廠作生產基地，透過商標授權方式把自己的產品輸送到各地。這就是「借牌生產」的原理。

當公司有錢沒廠卻又想不冒險、一勞永逸地擁有自己的「第二工廠」，怎麼辦？一個公司，擁有一個強勢品牌卻想一本萬利在各地組建自己的品牌團隊，怎麼辦？採用虛擬經營。它是一條使公司走上成功、快速致富的捷徑，甚或可稱為一個可持續發展策略。因此面對一個貌似強大的競爭對手，公司可用虛擬經營法，以虛制實，虛實互動，巧藉外力，整合資源，以達到防禦敵人、保護自己、壯大自己的目的。

二、服務公關，客戶是公司的主人

在服務的過程中，「對」與「錯」並沒有那麼明顯的界線，也許只是認知程度的不同，有些話說出來的確沒錯，但也許不是最佳的，所以，對這方面多關注一些，修正一些日常服務中容易被忽視的小節，有助於我們服務品質的提升。

我們每天都會面對這樣的情形，對客戶說的話會產生或中斷服務的相互作用。我們列出十種應該避免使用的習慣用語，因為這會使客戶為難。

☑「我不知道。」不妨說：「我想想看。」

客戶經常會把「我不知道」歸類於「我沒有你想得到的答案，我不打算幫你解決這個問題」。答應為客戶找到問題的答案，即使這樣做意味著要多花一些時間，去尋找或向其他部門的人詢問，卻能因為提供這些額外的服務，獲得服務方面的好評。

☑「不。」不妨說：「我能做到的是……」

在你沒有選擇餘地時，不要使用我們所說的「生硬的拒絕」那樣做沒有選擇或更改的餘地，而要考慮能為客戶作些什麼。這時可以用「我能做到的是……」這個句子開頭，向客戶表明你想對他們的問題採取解決的辦法。

☑「那不是我的工作。」不妨說：「這件事該由……來說明您……」

當客戶請求你做你沒有權利或弄不清的事時，你應該成為一個中間人，帶客戶去找能幫它解決問題的人或部門。

☑「您是對的—這個部門很差勁。」不妨說：「我瞭解您的苦衷。」

如果一位客戶對營業員或某一部門的工作表示不滿時，千萬不要透過對他表示安慰而把事情弄得更糟。透過說「我瞭解您的苦衷」來表達對客戶的理解，而不要說「您是對的，這個部門很差勁」。這種移情作用正是表示出你的關心，而不用透過同意或不同意來附和客戶的問題。

☑「那不是我的錯。」不妨說：「讓我們看看這件事該怎麼解決。」

面對客戶的指責，如果讓防衛的本能占上風，就會聽不進客戶說的話了。所以，當發現「那不是我的錯」這句話剛到嘴邊時，閉上嘴，深吸一口氣，然後，帶有同感地說：「讓我們看看這事該怎麼解決。透過抵制這種迫切的自我保護意識，你便能很快地、輕鬆地把問題解決掉。」

☑「這事情您要找我們經理去談。」不妨說：「我能幫您解決。」

客戶提出超出公司常規的事情時，將情況推給經理是一種推卸的做法，應該考慮你能做些什麼來解決，直到必須經理來參與才反映給他。

☑「您什麼時候需要？」不妨說：「我會盡力的。」

面對一些不合理或者很難滿足的要求時，不要立刻做出否定回答，而是盡力接受這一要求。不要做出任何你不能實現的承諾，而是自信、熱情地安慰他們。

☑「冷靜點。」不妨說：「很抱歉！」

當客戶失望、生氣或擔心時，告訴他們冷靜下來就意味著說他們的感情不重要。不妨採取相反的辦法——道歉，道歉並不意味著你贊同他的觀點，你只是表示對發生的一切表示抱歉。

☑「我很忙呢！」不妨說：「請稍等。」

停止手頭的工作去為另一位客戶服務並不那麼容易。不要用應付的態度來處理，那意味著「不要打擾我？」優秀的員工會說「請稍等。」一句愉快簡短的話語會使客戶意識到你尊重他的存在。

☑「再打電話給我好了。」不妨說：「我會回電話給您的。」

由於你很忙，因此想讓他打電話給你，不要這樣，不妨主動點，打電話給客戶，告訴他你很關心這個問題。

如果您能將以上的十不為做到十為，您得到的回報肯定比預想的要好得多。行動吧！

第六章

突破公關技巧，掌握變革

第一節 禮儀對公關成敗至關重要

一、要注意的商務禮儀

公關人員其實在很大程度上是公司形象對外的代表，不僅對公司在大眾心中的地位起著重要的作用，而且從公關人員本身就可以看出公司的素質。公關領導者則更是如此，因此一言一行都要注意不僅代表個人，而且代表公司。

在當今競爭激烈的國際商業舞台上，如能熟練而恰當地運用公關禮儀知識，就有可能對業務產生事半功倍的效果，因此下列準則應當熟知：

知己知彼，入鄉隨俗。由於不同民族的文化背景對禮儀有很大影響，因此在與國外商家做生意時，要儘可能多地熟悉對方的商務習俗和節奏。

當你代表公司洽談生意時，如能尊重對方的風俗習慣，使客戶心情舒暢，成功的機率就可能增大。為了避免交往中的失禮行為，事前應閱讀一些介紹客戶所在國的概況資料，瞭解問候用語、服飾規範、用餐知識、地理概況、赴約及贈禮習俗等。在異國他鄉，嚐一嚐當地的特色食品，學一學當地的言談舉止，有助於拉近彼此間的距離，並對業務的展開產生積極影響。

尊重對方，不妄加評判。不同的國家，做生意的方式會截然不同，不能因存在這種不同就認為對方不對。如歐美人認為，與人交談時目光注視對方表示著關注、真誠和尊敬，不願與人對視是不善於相處的人；而亞洲和非洲一些國家的人則認為，視覺會影響聽覺的注意力，他們以迴避目光的方式來表達對他人的尊重。因此，要時時站在對方的文化角度去觀察事物，動輒批評他人的做法，在國際商務活動中一向被視為不禮貌行為。如果你使主人或客人的處境難堪，即使是一時疏忽，也往往會給業務帶來嚴重損失。

友誼第一，生意第二。友誼的建立與業務的展開往往是密不可分的。對許多國家而言，在建立工作關係之前，往往需要建立相互間的信任。從禮儀的角度看，只關心生意是否做成是短視行為。一次商務會談能否成功，或取決於你打高爾夫球的水準，或有賴於主人在與你進餐或聽音樂會時對你的品味及性情的瞭解。

國外許多商家都把建立彼此信任視為建立長期合作關係的必要「投資」。在歐洲和中東，如果對方認為你不可信賴，即便對你提供的產品感興趣，也不會與你做生意。在日本，商人們更重視建立在相互信任、彼此友好並能提供優質商品和服務基礎上的長期合作關係。

二、妥當安排商務行程

由於文化背景不同，各國的時間觀念也不盡相同。因此，瞭解訪問國家工作時間及假日情況，對妥當安排商務活動行程、順利地展開業務十分重要。

☑每週工作日不同

多數國家的工作日是週一至週五或週一至週六。但由於宗教原因，以色列的工作日是週日至週五，因為星期六是猶太教的安息日，這一天是全國法定休息日；多數阿拉伯國家的工作日是從星期六到星期四。

☑迴避節慶日

特殊的節慶日情況也須弄清。例如阿拉伯國家在戒齋月時的工作時間安排較寬鬆，這時與之談生意萬萬不可操之過急。歐洲人十分重視節慶日，每年都會有四～五週的休假時間，尤其是法國人常在炎熱的七～八月份外出渡假旅遊，如果這時打擾他們或打亂他們的渡假安排，會令對方非常惱火。

有些節慶日的時間並不固定，比如戒齋月、復活節等與華人的春節一樣，每年的過年日期都不相同，應儘量避開在這些日子裡進行商務活動。

☑上下班時間各異

美國人的工作時間一般為八點半至下午四點半或九點至下午五點。中午有半小時至一小時的午餐時間。韓國人的工作時間是從九點至下午六點。義大利人從每天早上九點工作到晚上八點，其中下午一點到四點為午餐時間。

在歐洲上班時要全身心投入，但不會超時工作。在日本和香港則相反，人們工作起來不分晝夜。日本的工作時間雖然為九點至下午六點，但為工作加班也是家常便飯。

☑守時與不守時

對多數歐洲人和美國人來說，讓別人等候是不禮貌的行為，即使你的客戶遲到，你也應按時赴約。而有些國家對此就不大在意，俄羅斯人在時間安排上就比較隨心所欲，在中南美洲以及一些中東國家，預約也都是大概時間，按約定時間前往，你常常要等上一個小時甚至更長的時間。

對阿拉伯人來說，工作遠不如家庭、朋友及宗教來得重要，他們對時間的感覺是「看上帝的安排」。亞洲人很守時，他們常常會比約定時間提前幾分鐘到場，但菲律賓人經常遲到。

三、商務贈禮顯示公關技巧

在有些國家，商務禮品與做客禮品是有區別的。這種區別既包括禮品種類，又包括贈送場合。做客禮品是客人用以表達對主人設宴款待，或留客住宿後的感激之情，它的感情色彩較濃，最能反映送禮人的個性和品味。而商務禮品所表達的是一種職業聯繫，既是友好的、禮節性的，又是公務性的。

在與客戶交往中，禮品既可以成為接觸媒介，也可以作為告別禮。這類禮品一般不必迎合收禮人的興趣愛好，只要與收禮人的地位、作用相符就行。商務禮品的標準往往較為統一，只要是業務量相等的客戶，收到禮品的種類和價值可能都一樣。有時贈禮不必直接交到收禮人手中，可在公司宴請時放在某個人的座位上。

有些場合商務禮品與做客禮品很難細分，商務合作夥伴往往同時也是主人，這時只要瞭解各國送禮習俗，就能將禮品送得恰到好處。

美國、英國、加拿大和澳大利亞等英語系國家和法國、西班牙等歐洲國家的公司間很少交換商務禮品，禮品通常僅用於公司對員工的獎勵。而在亞洲國家，公司間不贈禮就可能對將來的業務關係產生消極影響。

禮品最能表現出公司的品牌，送給外國夥伴的禮品應是高品質的，表明你的公司懂得品質的意義，並能提供高品質的產品，而且應儘可能與對方送給你的禮品價值相當。如果禮品質低價廉，不僅是對收禮方的不恭敬，還可能直接影響公司品牌。

送禮的時機一般在雙方談生意前或結束時，最好不要在交易進行中送禮。在決定誰該接受你的禮物時必須謹慎，如果只送一件禮物，要送給對方職位最高者，同時可以表明贈送這件禮物是為了對各位的幫助表示感謝。如果不止一人接受禮物，要注意對同等級的人，送上的禮品也應該相同。

第二節 公共關係中的公關處理技巧

一、在公共場合演講或回答問題時的處理技巧

通常演講之後會有提問。透過將問答階段與幾個簡單的規則結合起來會更好。

首先，掌握會場裡所有的人，不要讓他們不經點名就說話。請他們起立，如果合適，在他們提問之前要說出自己的名字和單位。重複他們的問題以便所有的人都能聽到。

如果有人是在描述而不是在發問，您可插入講話並禮貌地說：「請問您的問題是什麼？」如果有人問了您不能回答的問題，您不必因為承認不能回答而感到為難。您可建議「也許這個屋子裡有人比我知道得多，可能更適合回答您的問題。」

如果有人問了不友善的問題，您可以避免回答，指出這裡不是爭論的地方。可以將回答延遲，建議與他私下會談。

如果有人一個接一個地問，不管別人，您可建議會後私下談，並說：「我很欣賞您的興趣，但其他人也有機會發問才公平。」

在公共場合演講——如果您是演講者。

成功演講最寶貴的經驗就是充分準備、事先演練。演講可長可短，可嚴肅可幽默，但您一定要準備好內容，幾個小時的準備和演練是很值得的，到時您的演講就會很流利。

您的公開評論要生動以抓住聽眾的注意力，您的演講不能枯燥無味或荒唐。沒有人能將笑話講得完美，如果您不會講，不要擔心。嚴肅和愉快一樣有效，尤其是您的講話能打動聽眾的心。

在公共場合的演講規則如下：

(1)調整好語調，保持口齒清晰。

(2)調整好嘴與麥克風的距離，以便坐在後面的人能聽到，也沒有刺耳的雜音。不要打口哨或手拍麥克風，正常說話，問問後面的人能否聽到。

(3)確定麥克風的高度正好，以便您能自然站立。

(4)演講要說到要點。即使您是個出色的即席演講者，加入未經練習的說明會讓您離題。

(5)在講台上，您可以扶住桌邊，或做幾個手勢，或翻翻紙。不要編造事情，不要把口袋裡的東西弄得叮噹響，不要讓手在面前發抖，不要把紙弄出聲響，注意使手保持靜止。為表示強調，手勢很重要，但到處晃動胳臂會起分散作用，聽眾也會分散注意力。

(6)千萬不要用手抓麥克風。這樣會發出聲響，並會使您表現出緊張狀態。

(7)如果您覺得想要打噴嚏或咳嗽是沒關係，但不要對著麥克風。如果連續地咳嗽，就要道歉。暫停，喝口水，清一清嗓子。應該帶著手帕以備用。

(8)如果時間到了或已經講完了，總結性的講話會給聽眾一個準備。如果您在他們開始坐立不安之前和他們希望您能講得更多的時候結束演講，您的聽眾會認為您是個出色的演講者。

二、公關禮儀是商務談判成功的加溫劑

☑談判準備

商務談判之前首先要確定談判人員，與對方談判代表的身分、職務要相當。

談判代表要有良好的綜合素質，談判前應整理好自己的儀容儀表，穿著要整潔正

式、莊重。男士應刮淨鬍鬚，穿西裝必須打領帶。女士穿著不宜太性感，不宜穿細高跟鞋，應化淡妝。

佈置好談判會場，採用長方形或橢圓形的談判桌，門右手座位或對面座位為尊，應讓給客方。談判前應對談判主題、內容、議程做好充分準備，制定好計劃、目標及談判策略。

☑談判之初

談判之初，談判雙方接觸的第一印象十分重要，言談舉止要儘可能創造出友好、輕鬆的良好談判氣氛。作自我介紹時要自然大方，不可顯露傲慢之意。

被介紹到的人應起立一下微笑示意，可以禮貌地說：「幸會」、「請多關照」之類。詢問對方要客氣，如「請教尊姓大名」等。如有名片，要雙手接遞。介紹完畢，可選擇雙方共同感興趣的話題進行交談。稍作寒暄，以溝通感情，創造溫和氣氛。

談判之初的姿態動作也對把握談判氣氛起著重大作用，目光注視對方時，目光應停留於對方雙眼至前額的三角區域正方，這樣使對方感到被關注，覺得你誠懇嚴肅。

手心向上比向下好，手勢自然，不宜亂打手勢，以免造成輕浮之感。切忌雙臂在胸前交叉，那樣顯得十分傲慢無禮。

談判之初的重要任務是摸清對方的底細，因此要認真聽對方談話，細心觀察對方舉止表情，並適當給予回應，這樣既可瞭解對方意圖，又可表現出尊重與禮貌。

☑談判之中

這是談判的實質性階段，主要是報價、查詢、磋商、解決矛盾、處理冷場。

報價。要明確無誤，遵守信用，不欺蒙對方。在談判中不要任意報價，對方一旦接受價格，即不再更改。

查詢。事先要準備好有關問題，選擇氣氛和諧時提出，態度要開誠佈公。切忌氣氛比較冷淡或緊張時查詢，言辭不可過激或追問不休，以免引起對方反感甚至惱怒。但對原則性問題應當力爭。對方回答時不宜隨意打斷，答完時要向解答者表示謝意。

磋商。討價還價事關雙方利益，容易因情急而失禮，因此更要注意保持風度，與心平氣和。發言措詞應文明禮貌。

解決矛盾。要就事論事，保持耐心、冷靜，不可因發生衝突就怒氣衝衝，甚至進行人身攻擊或侮辱對方。

處理冷場。此時主方要靈活處理，可以暫時轉移話題，稍作鬆弛。如果確實已無話可說，則應當機立斷，暫時中止談判，稍作休息後再重新進行。主方要主動提出話題，不要讓冷場持續過長。

☑談後簽約

簽約儀式上，雙方參加談判的全體人員都要出席，共同進入會場，相互致意握手，一起入座。雙方都應設有助理人員，分立在各自一方代表簽約人外側，其餘人排列站立在各自一方代表身後。助理人員要協助簽字人員打開合約，用手指明簽字位置。雙方代表各在己方的合約上簽字，然後由助理人員互相交換，代表再在對方合約上簽字。

簽字完畢後，雙方應同時起立，交換資料並相互握手，祝賀合作成功。其他隨行人員則應該以熱烈的掌聲表示喜悅和祝賀。

三、認真看待白紙黑字

在商務交際中，認真細緻的態度尤其表現在商談之中。對一些白紙黑字的東西更要多加用心，仔細推敲，認真修改，不得有絲毫馬虎。在這方面有許多講究。

例如，草擬協定備忘錄就不僅需要具有優異的判斷力，還要有充分的勇氣。在一份完好的備忘錄中，雙方的希望和主要條件才是重要的，過分注意細節不是關鍵。不過假如由對方來寫備忘錄，一個談判者就應該備加警惕，不能偷懶或過於天真了。要採取以下的預防措施。

⑴對於備忘錄應該多次詳細研究，必須找出遺漏和錯誤的地方。因為這些遺漏和錯誤很可能是對方故意犯的錯誤而成為我們蒙受損失的藉口。

⑵立刻面對現實的問題，重新商談一個被認為已經結束的問題，需要有面對事實的勇氣和良好的判斷力。我們不要故意製造問題，但也不能迴避已形成的問題。

⑶除非你有充分的理由，否則應相信對方。假如你無法相信對方，那就要千方百計詳細檢查細節。

⑷自己心中要有「直到最後一分鐘還可以改變主意」的觀念，不要覺得太過分。簽好名字的協議草案是一項重要的文件。它保證雙方都不能改變主意，交易大概算是談好了。寫好的協定要象徵雙方的承諾。

合約寫好以後，應該立刻對照協定草稿以免某些必要的條件會被漏掉或者在草擬合約的過程中處於被動。哪怕是整個商談已重新進行過，這些事情也要馬上處理。有些人常常不敢這樣做，隨便敷衍了事，日後麻煩就大了，因為整個協定會變得毫無意義。有人不勤於閱讀合約的細節，又不願意重新談及重新面對那些不愉快的事情。若是這樣又何必去商談呢？

仔細推敲也是給對方一次審視自己的機會，這有利於雙方。在這個過程中，大家都有著一種對承諾的認定，使商定的結果在信譽上確定下來，賦以嚴肅的法律效力。

四、公關專題活動講究操作技巧

公關專題活動對於公司的公關有著重要的作用，主要有以下幾種形式：

☑展覽活動

展覽活動是一種綜合運用各種媒體方式，推廣產品、宣傳公司形象的活動。

(1)展覽活動的特點

①展覽活動是一種十分直接、形象和生動的傳播方式。展覽會通常以展出實物為主，並進行現場示範表演，同時使用多種媒體（如文字媒體、聲音媒體、圖像媒體等）進行交叉混合傳播，綜合了多種媒體的優點，因而會給人以十分直接、形象和生動的感覺，加深參觀者對產品的印象。

②展覽活動可以為公司提供與大眾直接進行雙向交流的機會。展覽會一般都要安排專人回答參觀者的問題，並與參觀者就感興趣的問題展開深入討論。公司在讓大眾瞭解自身的同時，也瞭解了大眾對自身形象、產品等的反應，可根據大眾反應的訊息

進一步改進工作。

③展覽活動是一種高度集中和高效率的溝通方式。一個展覽會可以集中許多行業的不同產品以及同一行業中多種品牌的同類展品，為參觀者提供了更多的機會，節省了大量的時間和費用。

④展覽活動往往能成為新聞媒體採訪的對象，成為新聞報導的題材。

(2)展覽活動的類型

根據分類方法的不同，展覽活動可以分為以下類型：

①按規模的大小，展覽活動可分為大型展覽、小型展覽和微型展覽。大型展覽一般由專門的單位舉辦，有產品展覽的公司可以報名參加；小型展覽一般由公司舉辦，展示自己的產品；微型展覽是指商店櫥窗展覽和流動宣傳車展覽。

②按性質的不同，展覽活動可分為貿易展覽、宣傳展覽和特定展覽。貿易展覽透過展示實物產品，促進產品銷售；宣傳展覽是為了宣傳某種觀點、思想和信仰，或者讓人們瞭解某一段史實；而特定展覽則是為樹立產品的特別形象而舉辦的。

③按商品種類的多少，可將展覽活動分為綜合性展覽和專題性展覽。綜合性展覽要求全方位，全面介紹某一地區或組織的全面情況；專題性展覽是圍繞某一專題舉辦

的展覽，要求主題鮮明，內容集中。

④按展覽的場地，展覽活動可分為室內和戶外。室內展覽較為隆重，不受天氣影響，設計佈置較為複雜，所耗費用較高；戶外展覽的設計佈置較為簡便，場地較大，所需費用不多，但受天氣的影響大。

⑤按展覽的目的，展覽活動可分為以銷售為主和以樹立形象為主的展覽會。

(3)舉辦展覽活動應注意的問題

①明確活動的主題。活動的主題就是展覽的目的和意義。展覽的內容很多，只有主題明確，才能提綱挈領，把所有的實物、圖表、照片及文字等組合成一個整體，使參觀者一目瞭然。

②確定參展單位、參展專案和展覽的類型。根據活動的主題，確定展覽的類型、參展單位和參展專案。採用廣告或發邀請函給可能參展單位的辦法來吸引單位參展。廣告和邀請函應清楚地說明該次展覽的宗旨、展出的項目和類型、估計參觀者的類型和人數、展覽的要求及費用預算等。

③選擇場地。選擇場地應綜合考慮以下因素：是否方便參觀者；周圍環境是否與主題相得益彰；輔助設施是否容易配備和安置；是否容易放置和保護產品等。

④培訓工作人員。會場工作人員技能的高低對活動的成功與否有著重要的影響。因此，必須對工作人員，如解說員、接待人員和服務人員等進行良好的公關訓練，並就每次展出的專案內容進行專業知識訓練，使他們既做到儀表端莊，熱情、禮貌地與參觀者交談，又懂得專業知識，能提高產品業務方面的諮詢服務。

⑤佈置展覽大廳。大廳的佈置要求圍繞主題認真選擇產品，精心佈置陳列，設法引人注意。大廳的入口處應設置諮詢台和簽到處，並貼出展覽大廳平面圖，作為參觀者的指南。

⑥做好與新聞媒體的聯絡工作。應成立一個專門對外發佈新聞的機構，負責與新聞媒體聯繫。該機構要利用一切能夠調動的傳播媒體，使參觀者透過多種管道獲得展覽的有關訊息，並對展覽會中所發生的許多有新聞價值的題材寫成新聞稿發表，擴大展覽活動的影響。

⑦做好展覽活動的經費預算。活動的費用一般包括：場地租金、電費；設計、陳列、裝飾費；工作人員的費用；交際費；交通運輸費、保險費，等等。對於上述費用，要認真進行預算，表現厲行節約，留有餘地的原則。

⑧運用展覽技巧，把展覽活動辦得生動活潑，新穎別致。公司可邀請有關的知名

人士出席，為參觀者簽名留念，以吸引更多的參觀者，也給記者提供好題材。分到位置不好的公司更應設法想出一些別出心裁的辦法吸引參觀者。

⑨測定展覽效果。為了測定展覽效果，可在出口處設置觀眾意見表，以徵求觀眾意見；結合展覽召開座談會，請觀眾談談意見和感受；可在會後登門訪問或發出調查問卷，瞭解展覽的實際效果。測定展覽效果最直觀的指標是訂貨成交金額，除此以外，還有專家的評價、新聞媒體的報導和參觀者的人數等。

☑參觀活動

參觀活動是指公司邀請社會各階層人士，包括員工家屬、學校、新聞媒體、經銷商、供應者以及其他有關人員到公司觀看設備、生產過程、工作現場，聽取管理者介紹公司營運情況的活動。

參觀活動，實際上是一次公開「展覽」和「廣告」，它能夠有效地提高公司經營管理的透明度，消除公司與外界的隔閡，增進外界對公司的瞭解，培養大眾對公司的情感，形成友善的氣氛。

參觀活動應做好以下工作：

☑確立主題

任何一次參觀活動都應該確立一個明確的主題，即想透過這次活動給參觀者留下怎樣的印象，取得什麼效果，達到什麼目的。參觀活動最常見的主題是：擁有先進的設備、優良的技術、傑出的人才、優質的產品；注意安全生產、保護環境；公平競爭、信譽良好等。

☑安排時間

參觀活動的時間最好安排在一些特殊的日子，如週年紀念日、逢年過節等。在節日進行參觀，一方面不影響公司的正常生產，另一方面又便於大眾參加。公司若把娛樂活動與參觀活動結合起來，可以獲得更好的效果。

準備參觀活動要有足夠的時間。規模較大的參觀活動需要幾個月的時間作準備。如果要準備大規模的展覽、編印紀念冊，則需要更多的時間。

☑成立專門機構

若想把參觀活動辦得盡善盡美，就需要成立一個專門機構，負責參觀活動的一切事宜。專門機構的成員應包括：領導者，行政、生產、銷售和人事部門人員等。

☑準備宣傳資料

公司對大眾開放，並不是讓大眾看看就沒事，而是要透過參觀活動，幫助大眾轉變對公司的態度或加深對公司的認識。因此，在正式參觀前，要準備一份簡明易懂的說明書，發給參觀者，或放映幻燈片、光碟中等進行介紹，說明參觀者瞭解組織的概況。

想要使參觀活動能產生持久的效果，公司應給每個參觀者贈送一份有紀念意義的小冊子，上面記載參觀的過程以及其他有關公司的資料。

☑劃定參觀路線

正式參觀前，專門機構應劃定參觀路線，防止參觀者越過參觀所限範圍，以免出現不必要的麻煩和事故。參觀時應派工作人員陪同，並沿線作解說，回答參觀者提出的問題。不准踏入或攝影的場所應樹立標示牌，並向參觀者做出解釋。

☑做好接待服務工作

對參觀者應熱情周到地做好接待工作，安排合適的休息場所，準備必要的飲料、點心。

☑贊助活動

贊助活動是公司透過無償地提供資金或物資說明的方式，發起、組織、參與有廣泛群眾基礎的社會活動。它是公司外求發展的一種有效方法。它能提高公司的知名度和美譽度，樹立良好的公司形象。

贊助按照不同的標準有不同的劃分方法。

(1)按形式的不同，可將贊助分為資金贊助、物資贊助、勞務贊助、技術和人才贊助

(a)資金贊助。又可具體分為捐款及集資等。

(b)物資贊助。包括各種原物料、設備、日常生活用品等物資的贊助。

(c)勞務贊助。即為社會公益事業所提供的各種勞務。

(d)技術及人才贊助。通常表現為大型組織為小型組織無償提供技術和人才，說明小型組織的發展。

(2)按時間間隔的長短，贊助可分為定期贊助和不定期贊助兩類

(a)定期贊助。是指組織與贊助對象之間有約在先，組織應定期贊助一定的資金或物資等。

(b)不定期贊助。即組織臨時贊助某一組織或專案。

(3)按規模的大小，贊助可分為大規模贊助和象徵性贊助兩類

(a)大規模贊助。系指一個公司為了在大範圍內樹立起良好形象，在能力許可的前提下給贊助對象大量的贊助。

(b)象徵性贊助。即給贊助對象少量的贊助，有時僅是道義上的支持。

(4)按項目的性質，贊助可分為體育活動贊助、教育事業贊助、文化事業贊助、福利事業贊助等。

(a)體育活動贊助。這是公司贊助最常見的一種形式。這是因為，隨著人們生活水準的提高，人們普遍對體育運動感興趣，體育活動比其他活動更容易獲得贊助。

(b)文化事業贊助。即贊助文藝團體、文藝演出、電視劇的拍攝和播放等。

(c)教育事業贊助。「百年大計，教育為本」。贊助教育事業，既有利於教育事業的發展，又有利於提高公司的知名度和信譽。

(d)福利事業贊助。公司不僅要實現自身目標，而且還應當承擔一定的社會義務。贊助福利事業就是公司承擔社會義務的表現。

此外，公司還可贊助社會慈善事業、各類出版物、各種競賽活動、學術理論活動、各種專業獎，等等。

公司無論贊助什麼項目，都必須遵守以下三條原則：

(1)社會性原則

所謂社會性，即指所贊助的項目具有積極的社會意義和廣泛的社會影響，具有良好的社會效果。

(2)相關性原則

相關性是指公司所贊助的專案應與公司的產品有關。例如服裝廠贊助文藝演出的服裝、鞋廠贊助球隊的球鞋、飲料廠贊助運動會的飲料、汽車製造廠贊助賽車比賽，等等，都表現了相關性原則，都能有效地擴大公司及產品的知名度。

(3)經濟性原則

公司在進行贊助前，除了應考慮所贊助項目的社會性、相關性外，還必須考慮公司的經濟承受能力。所贊助專案必須是最大限度地實現公司贊助目的的專案。

贊助的步驟：

(1)制定贊助政策

公司應從經營政策入手，根據公司的公關政策和目標，調查需要贊助的公益事業情況，制定公司的贊助政策，以指導贊助活動。

(2)制定贊助計劃

贊助計劃是贊助政策的具體化。它一般包括贊助對象的範圍、贊助費用預算、贊助形式和贊助的宗旨等內容。制定贊助計劃能有效地防止贊助的規模超出公司的承受力，控制贊助的範圍，做到有的放矢。

(3)審定贊助專案

組織每進行一次具體專案的資助，都應結合贊助計劃進行逐項審核，確定贊助的具體方式、金額和時機，以便制定此項贊助的具體實施計劃。

(4)落實具體贊助計劃

具體贊助計劃制定後，公司應派專門的公關人員負責落實各項具體贊助計劃。在實施過程中，公關人員應充分運用各種有效的公關技巧，使公司能儘量藉助贊助活動擴大社會影響。

(5)測定贊助效果

每次贊助活動完成後，公司都應對贊助的效果進行評估，並與計劃相對照，找出完成或未完成的原因，寫成書面資料，供以後參考。

第三節 良好的人際協調是成功公關的開始

一、微笑的魅力

根據生物學家達爾文的研究，人除了具有智力機能外，微笑也許是最大的獨特能力。在其他靈長類動物的臉上我們也能看到痛苦之類的表情，但燦爛如陽光的笑臉卻非人莫屬。

從心理學來說，微笑屬於非言語溝通的傳播方式。只有人類才有極為豐富多彩的心理活動，這些內在的心理過程可以透過人的身體動作、面部表情、空間利用、觸摸行為、聲音暗示、穿著打扮等方式表露出來，進而使自己為他人所察覺與瞭解。但微笑在人與人的溝通中卻具有其他溝通方式所不可替代的作用。

心理學家指出：「我們對人家微笑，人家也會以微笑作回報。一方面他是在向我們微笑，另一方面從較深的意義上來說，他回報微笑是我們在他內心激起的幸福快樂情感的流露，我們的微笑使他感到了自己的價值，也就是說，我們重視他、尊敬他。」

真正的微笑是發自內心的，令人快樂的、輕鬆與自信的表露。事業成功、人格成熟的人總會在臉上泛起微笑，而能讓一個人微笑永駐的則是一種精神力量。這種精神力量除了成功感與自信心之外，還有幽默感。

幽默是與審慎而樂觀地看待世界的態度聯繫在一起，是一種介於執著與超脫之間的精神狀態。生活與工作的過程是一連串解決問題的過程，問題的存在表明世界並不完美，而問題能得到解決卻又證明人的完美。

人們經常不正確地把事業的成功者僅僅想像成鍥而不捨、百折不撓的勇士，實際上，如果他們的工作沒有一種樂趣包含在其中，是很難想像他們會堅持下去直到成功的。

幽默感是一種對人們共同的生活或工作中的嚴酷性、艱難性的一種創造性迴避，由此也就能使人面對逆境，處變不驚，保持一種平淡從容的態度。在幽默中傳達了一種真正的勝任感，一種舉重若輕的態度。

要對「幽默」下一個定義幾乎不可能，也是不必要的，因為，當給了幽默定義時也就失去了幽默。

我們不必去定義幽默，但卻可以「呼吸」與體驗幽默。經常閱讀一些幽默故事或小品，不時地回味記憶，你將能使自己慢慢變得幽默起來。

經理人必須發出笑聲，常有笑臉，這至少可以：

◆打破員工的敬畏障礙。
◆保持理智的、從容不迫的精神狀態。
◆消除虛假，注意實質性問題。
◆減輕因批評而對別人造成的傷害。
◆使每一個人都能輕鬆地工作。

但願在市場經濟的激烈競爭中，我們的公司不只充滿機器的噪音，而且還能瀰漫著笑聲。一個能對市場發出微笑的公司，還有什麼能阻擋住它前進、發展的步伐？

二、記憶的作用

想一想你認識多少人，他們姓什麼，叫什麼名字，聲音與面貌又有什麼特徵……

經理人手中有一張張員工名冊，也有成疊的名片，但如果不能把這些名字與人對起來，見面時免不了一陣尷尬。實際上，我們說自己認識誰，都是在說已經記住了他。

如果對方給你留下了很深的記憶，你就應該在事後把這一點告訴他，以表達進一步交往的意願，如是，人際關係自然升級了。成功的經理人都是如此，美國通用電器公司董事長兼總裁傑克・威爾奇就能記住至少一千名高層主管們的名字，並能說出他們的職責。

每個人都希望能給別人留下美好的記憶，也希望能更多地記住別人。這裡也有一個建議的記憶方法大致長相、出生年月、工作背景、家庭狀況等等，這對加強溝通不無裨益。業精於勤而荒於嬉，記憶之業也是如此。而對人作深刻詳細的記憶與研究，無論如何都是經理人不可忽視的一項業務。

三、做一個成功的交談者

或許有人會說：難道還有人不會交談嗎？在現實生活中確實有人駕輕就熟，很善於交談，而有的人卻處於無人可談、無話可談的難堪境地。那麼在交談時應該注意哪些事情呢？

美國研究語言交際的專家艾爾金博士認為以下三個方面對於成功的交談十分重要，掌握有關的技巧就可以提高人們交談的能力，取得良好的交流效果。

☑選擇合適的話題

人們交談時通常是由開始講話的人選擇一個話題，大家圍繞這一話題各持己見，然後轉向另一個話題，因此選擇合適的話題便十分重要。如果選擇的話題能被大家接受，談話便會順暢地進行下去。如果選擇了不適宜的話題，就無法引起大家的興趣，沒有人做出反應，交談便失敗了。

有時候您可能擁有權勢使別人不得不坐下來聽您講話，他們可能假裝用心聽您講話，但您卻無法強迫別人開口講話。不合適的話題主要有以下幾種類型：

(1)有關談話者自己的話題。有的人談來談去總是圍繞著自己的生活，開始人們也許還有興趣聽，時間久了人們便失去了興趣甚至避開這樣的談話者了。

(2)有關禁忌的話題。如夫妻關係、家庭成員之間的矛盾、不願談及的疾病等等。如有的人不願意別人打聽自己的經濟來源或經濟狀況等。所以這些話題最好不要觸及，除非對方主動提及。

(3)假話題。假話題是指那些無法繼續下去的話題，如果你用「今天天氣很好」來開始談話，對方便沒有什麼話來回應。

如果您發現周圍的人不願意與您交談，那您就要檢查一下您在選擇話題方面是不是存在問題。檢查的方法如下：以一星期為限，儘可能記下您與人交談時所選擇的所有話題。

如果有的話題重複出現，在話題後面記下次數。這樣就得到一張您選擇的話題的清單。檢查出現次數較多的話題，問自己兩個問題：如果別人總是跟您談這樣的話題，您想不想聽？如果不想聽，為什麼？

☑按照一定的順序交談

人們的交談是按照一定的順序進行的，不是想說什麼就說什麼，想什麼時候說就什麼時候說。交談時談者和聽者雙方互相配合才能使談話順利進行下去。假設有、三個人在一起談話，理想的交談方式如下：

(1)先開始講話，他選擇一個題目，圍繞著它講幾句話。
(2)透過某些方法使繼續談下去。
(3)接過話，順著選的題目講幾句話。
(4)選擇作為下一個談話者。
(5)接過的話，順著話題講幾句話。
(6)選擇作為下一個談話者。

(7)這個過程一直進行下去直到大家感到有關這個題目已無話可說或者時間用完了。在這個過程中每個人都有大致相同的機會和時間來談話，並且當一個人講話時其他人只能聽。

(8)最後一個人總結所選擇的話題，這時候表明該話題已經結束，可以引出另一個話題。

正是靠著這種說者和聽者互換位置的規則，交談才能夠平穩地進行下去。這種規則好像交通規則一樣，即便沒有員警指揮，大家也都會遵守著紅燈停綠燈行的規則，否則便會造成交通堵塞。交談的規則雖然沒有交通規則那樣明顯，但也是被嚴格遵守著。

依據這些規則，參加談話的人才能根據自己的需要決定加入交談或者迴避交談。如果您想加入談話，您必須等待說話的人講完以後停頓時接過話。如果在這中間打斷別人，就會被認為不禮貌。而如果您想把話題交給下一個人，就要出現停頓，暗示您已經講完。

有兩種不好的習慣需要加以改正，一種是邊想邊說，在句子中間出現了不應有的停頓，使聽話的人無法判斷您是否已講完。另一種是不停地講，不出現任何停頓，這時人們便不得不打斷您的話。

把話題交給別人可以採用各種方式，除了上面提到的停頓以外，還包括提出一個問題，指定某人發表意見。但是表明談話結束的重要線索是目光接觸。如果談話者在停頓時和您目光接觸，那就表明他選擇了您作為下一個談話者。在您準備把發言權交給別人時可採用同樣的方法。因此如果不想加入談話，就不要與正在談話的人目光接觸。

另外一種情況是談話者出現了停頓，但並沒有選定下一個談話者，這時候可以自己選擇接著話題。這種情況下可能出現競爭，即兩個以上的人同時講話，按照上面提到的規則應有人放棄自己的權利，只留下一個人講話。

注意聽別人談話有許多特點需要注意。講出的話轉瞬即逝，不可能像聽錄音帶一樣倒帶。交談的雙方互相影響，說出的話不可能完全是事先想好了的，需要根據前面的人講的話修訂我們自己說什麼，我們的話又影響到雙方後面要說的話。因此認真仔細地聽別人講話就顯得十分重要。

只有聽懂了別人的話我們才可能有效地做出反應。只有注意地聽，我們才可能準確地判斷對方是否談完，才能及時地接過話，而不是冒昧地打斷別人或者該自己發言卻沒有反應。

☑設法改正一些不好的聽話習慣

(1)一邊聽一邊想或練習該自己講話時怎麼說。

(2)一邊聽一邊想談話者多麼糟糕，換一個人（或者自己）來談就會好得多。

(3)一邊聽一邊想一些無關的瑣事。

(4)為了一有停頓就搶過話頭拼命注意談話者說的每一個詞。

(5)拼命寫下談話者所說的每一句話。為了提高自己的「聽力」，可以利用電視機來練習。選擇一個談話節目，坐下來注意地聽，不要記筆記。一發現自己分心，趕快回到節目上來。不斷地練習直到您能堅持認真聽完一個半小時長的節目為止。

四、成功公關需要良好的人際關係

☑自我介紹的藝術

為了創造良好的第一印象，自我介紹是至關重要的。有人以為遞了名片之後就告結束，其實不然。有時候，自我介紹比名片更重要，它可以「先聲奪人」，很快使別人對自己留下好的印象。

從某種角度來說，自我介紹好比一次「戲劇表演」，你這個角色演得成功與否，就看這短暫的自我表演了。成功的自我介紹不僅依靠聲調、態度、舉止的魅力，而且還要考慮適當的時間和地點以及當時的氣氛。

自我介紹常犯以下的錯誤：

(1)急於表現自己，在不適當的時候打斷別人的談話。

(2)誇大表現自己，在自我介紹中長篇大論。

(3)不敢表現自己，在自我介紹中遮遮掩掩，唯唯諾諾，生怕別人摸清了自己的底而小看自己。

(4)不能表現自己，在自我表現中吞吞吐吐，含糊不清，不能給別人一種清晰的要領和印象，別人連名字都聽不清楚。

為了迴避這些失誤，自我介紹一定要掌握時機和技巧，做好下面幾點：

(1)一定要把握時機。所謂好時機，一方面不破壞或打斷別人的興趣，另一方面又能夠很快抓住別人的注意力。千萬不要搶話說，在需要等待的時候，一定要等待，而且要努力當好聽眾。

(2)一定要自信，以自然流暢的語調來讚美別人，感覺是從心裡發出的，而不是過分奉承或吹捧。

(3)儘量表示友善、誠實和坦率，這不僅要從話語中表現出來，還應該從態度和眼神中表現出來。

⑷清晰地報出自己的名字，儘可能用詼諧的方式加深別人對自己的印象。

⑸格外表示自己渴望認識對方，使對方覺得他自己很重要。如果你知道對方的名字，必須要多重複一至二次，以表示自己很榮幸結識對方。

當然，自我介紹並不一定要很完善。有時候可以留有餘地，有時候需要藉助別人來介紹自己，有時候需要採取間接的行動方式，這就要靈活處理了。

☑交際的技巧

交際作為一種學問，與人們緊密相聯，形成了自己的規律和特點。特別在商務方面，交際有時雖是以個人的形式進行，而實質上卻象徵著一個社會組織，這也是為公司樹立品牌的一種工作。

交際的水準是由人的素質決定，與人的文化修養有密切關係。說話、做事是否得體，舉止給人的印象如何等等，生活在現代社會，多少應瞭解這門學問，瞭解一些社交的技巧。

廣泛地存在於社會生活的各階層之間的交際，不妨根據性格而定，即使隨便一些、不拘禮數也沒有關係，大家都是熟人，不必斤斤計較。然而當交際與商務掛鉤，成為一種社會的交際時，就不能不放在心上、馬虎行事了。

在比較正式的場合中，要留意以下事項：

(1)要熟悉在場各位的地位、職業、個性、相互關係等等，敏銳地找到大家感興趣的話題。談話中，不但要注意讓每個人都有說話的機會，而且要注意運用彼此相通的非語言溝通，儘可能讓大家都感覺到對方的存在，而不是被忽視，要讓別人都認為你是在同他交談。

(2)有不相識的客人，要引薦介紹，友好地問候，以營造融和、輕鬆的氣氛，運用合適的語言，以便加深對方對你的印象。

(3)善於引導。別人熱烈交談時，要耐心地注意聽，當一名好的聽眾是十分不易的。遇到大家無言時，找一些讓大家都感到適合的話題，提起大家的興趣，維護良好的社交氣氛。交談中出現爭執時，不要偏袒，避免將自己也捲入爭論中。要善於和事解圍，打破難堪的局面。

(4)儘可能與每個人交流，瞭解別人的感想和願望，巧妙地傳達自己的意願，給社交活動留下美好的回憶，也給別人留下美好的印象。

交際是人與人之間在交往中建立起來直接的、帶感情色彩的關係。在交往中有物質交往、精神交往，這些均是走向社會關係的關鍵。人際關係的好壞影響著事業的成績、公司的前景，不善於交際的人經常會在工作中遇上種種有形或無形的障礙，嚴重者還會被社會淘汰。

☑掌握投石問路的技巧

在商場上，更多地瞭解對方是獲得成功的基礎，所謂「知己知彼」，才能百戰百勝。但要想瞭解別人，除了幕後進行大量的調查研究、掌握資料之外，在交際中以各種方式提出問題，進行諮詢，也是一種很好的辦法。尤其是在你不清楚商業行情的情況下，投石問路，進行試探性的商談是十分重要的。

投石問路，首先是要清楚對方的意圖和要求，並根據具體情況把握其退讓程度。這種投石問路分為兩種情況：一種是一般性的，也就是請教一般行情方面的問題，從中獲得互相對比的資料。

另一種是較為特殊性的，就是設想自己將在某一方面展開業務，對一些具體的情況進行詢問瞭解，從中獲得更多的細節資料。

顯然，作為一個好的策略，投石問路需要把握時機，得有一定的技巧。如果你把握得好，提問有一定的講究，別人又接受你，你就可以從對方那裡得到一般不易獲得的資料。例如，知道了成本和價格之間的差價，你就能做出更好的選擇。這時，你就可以要求賣主估價他的商品。因為你的任務是依據所能合法取得的資料，來作準確的商業判斷。「投石問路」這個策略便是取得資料的方法之一。

以下列舉的提問方式，通常都能得出很有價值的資料，引導出新的選擇途徑。

◆假如我們訂貨的數量加倍，或者減半呢？
◆假如我們與你簽訂了長期合約呢？
◆假如我們增減保證金呢？
◆假如我們自己供給原料呢？
◆假如我們自己提供工具呢？
◆假如我們買好幾種產品，不僅僅購買一種呢？
◆假如我們自己提供技術支援呢？
◆假如我們買斷產品呢？
◆假如我們變換合約的形式呢？
◆假如我們改變一下規格，就像現在這樣子呢？
◆假如我們要分期付款呢？

任何一塊「石頭」都能使買主進一步掌握賣主的商業習慣和動機。「投石問路」這個策略似乎有點冷酷，它逼迫賣主和他的公司進退兩難。面對著許多買主提出的看似無害的問題，想要拒絕回答是很困難的，所以許多賣主寧願降低他的價格，也不願意面臨這種疲勞轟炸式的詢問。

☑談談你自己

在商務交際中，通常都儘量少談自己，因為談自己不容易，所以避免或者少談是一個不錯的方法。但是在某種場合下，和人交談到一定程度，又不能不涉及自己，所以就需要有相當的準備，能夠談得合適，讓人家瞭解你的長處，同時接納你的短處，促進對方的理解和合作。

(1)當別人希望你談自己的時候，你應琢磨應該談點什麼。自然，你在工作或學習方面有許多長處，還有許多關係和能力，你可能首先想讓別人知道這些，從而注重你的存在。所以你最有可能口若懸河地向別人介紹自己的優點和長處，結果很可能不好，別人非但沒有真正瞭解和接受你的長處和優點，反而認為你華而不實。

由此可見，談論自己的優點和長處少不了一定的技巧，也得考慮別人的心理，使別人能夠接受。在這方面，直接了當並不是不行，但也要看對象，看環境，看氣氛，切不要去班門弄斧，出風頭，硬讓大家聽你的大論。

(2)在談論自己長處和優點的時候，用別人的評價要比自我評價妙得多。聰明的人多半不直接談自己如何如何，而是說別人認為自己如何如何，而自己並不以為如此。事實上，這種方法是「借力使力」，用別人的話來為自己做介紹。當然，這「力」也不定就是別人的話，最好要有具體的事實和成果，可以用它們來顯示和表現自己的才能和力量。

所以，談論你自己的時候，不如首先談論你對某種事情的興趣和愛好，並透過談論某件事來展示你的水準和才能。比如你可以談論花卉，如果你在這方面的確有心得的話，別人一定能夠從你的談話中看到你這個人的修養和個性。

所以用談論他人他事來表現和介紹自己的優點和長處，是不錯的途徑，可以避免主觀色彩太濃、別人難以接受的事情發生。因為，第一，凡是你感興趣或愛好的事，你肯定知道比較多，有話題可談；第二，你不是說自己怎樣，而是說自己對什麼如何如何，所以避免了自我吹噓之嫌。

☑解除對方的戒備心理

用兵之道中有「攻其不備」一說，就是說在戰鬥中發起攻擊，最好在對方沒有防備的時間和地點，這樣就能百戰百勝。可惜，這話用在商務交際中有點不易。商場猶如戰場，人人都有戒備心理，比戰場是有過之而無不及。所以要想「攻其不備」，首先要讓大家解除了戒備心理才可。

難就難在這裡，怎樣解除對方的戒備心理？

當然，在不同的情況下，應該有不同的方式和方法。但是至少你不應該表現出一種「非要把你的錢從你口袋裡掏出來」的感覺，應給人一種較安全的感覺。在商務交際中，最忌就是「三句不離錢財」，一下子就嚇退了對方。聰明的人總是首先解除了對方的心理戒備後才開始行動。

當本意受阻或不想被人察覺時，應使用「順便」、「這是多餘的事」等附帶言語，以解除對方的戒備心理。如果輕視這種心理戰術，以為真的是「順便」，那麼你的反應就顯得遲鈍了。

☑樹立自己的良好品牌

在交際中，樹立自己的良好品牌是至關重要的。愛默生說：「人們接受被分配的一份，這是人人都會遵循的待人處世的技巧。我們掌握了自己的位置和態度，所有人都會預設。」

如果你沒有準備好一套希望別人接受自己的方式，自己輕視自己，別人就完全能把你看成懦夫。但如果你依照一個偉大而有成就的人那樣去行動，作為一個進取者出現，社會也會這樣看待你的品牌和價值。在交往中注意以下幾點，有助於你良好品牌的樹立。

(1)在談話中使用「我也……」的技巧。如當他表示他喜歡釣魚時，你回答「我也一樣」，然後談一談你在釣魚時遇到的有趣事情，對方會產生更大的愉悅感。把相同的經驗告訴對方，對方自然會向你表示友好。我們對與我們同觀點的人有好感，因為認同感承認了我們的價值。由此可見，贊同對方，是使對方更喜歡自己的最佳方法。

(2)良好的人際關係，是靠意念相互傳達而形成的。如果我們不清楚對方的慾望和感情，我們就無法和他們達成共識，也就沒有辦法說服他了。同時，如果你全心全意關注對方的談話，你就不會輕視對方，你就會有效地接近他。眼中只有自己，你就無法面對世上的一切。一般來說，雙方衝突是由於一方不注意對方，只關心自己的事情導致的。

(3)向別人學習。把這點運用在人際交往中，對方一定很欣然接受。如果你問：「關於這件事，你的高見如何？」「這事如果是你，你怎麼辦？」對方因為你這樣尊敬他，立刻和你縮短了距離。

美國《紐約時報》的專欄作家常用這種技巧見到那些「最不願見人的大人物」。他們事先打電話：「某某先生，我早聽說你是這個問題的權威，我想寫一篇有關這問題的新聞報導，大家都說如果想知道事實，就要請教你。」這個辦法屢試不爽。

(4)冷靜的態度。如果你深悉冷靜的精妙之處，你就會得到意外的收穫。當你遇到一觸即發或不可收拾的局面時，能繼續以冷靜的態度，溫和的語氣，使對方不得不轉變自己的情緒，你就掌握了局面，從而也樹立了自己的良好形象。

☑怎樣對待節外生枝

在商務談判中，會有許多意外的情況出現。本來很順利將要完成的某件事，突然對方插進一句問話或者是一項要求，這種意外的情形會使你疲於應付。怎樣才能高明地處理這種事情呢？下面我們來看一個例子。

外國一家銷售商到中國廣東的一家風扇廠進行實地考察和訂貨。外商帶來了他們自己的檢測設備，在檢測過程中外商十分滿意，豎起大拇指稱讚中國的產品質優價廉；中方也非常滿意，如此快捷的速度就得到大量長期的訂單。

談判過程中也格外順利，就在外商拿著他們的檢測結果跟中方的檢測報告單相對照的時候，外商提出要看市場上不同廠家同類產品的檢測報告。這項突然的要求是讓人有點束手無策的。正在雙方都難堪的時候，中方的市場部經理不慌不忙拿出了三份報告單，是另外三家風扇廠的檢測報告，市場部經理言正義辭地對外商說：「我們的產品是最好的。」外商在二十分鐘的對照後滿意地簽訂了合約書。

從上面的例子我們看到，中方是做了充分準備的，至少市場部經理考慮問題是仔細的。這正是每位談判人員都應具備的素質。

巧妙應辯的形式是五花八門的。也許我們在電視中曾經看到過著名學府的辯論會。正方和反方都根據有力的證據進行針鋒相對的辯論。一般來說，巧妙應辯可分為三種情形：

(1)坦率的態度。在談判中坦率的態度有助於你創造一種和諧的氣氛，有助於你表達某種意見，更利於進一步的交流。比如說：「對不起，這我們應該負責」，「努力想辦法，照你的意思做吧」。舉凡種種，給對方造成一種遷就對方、做出讓步的印象，這樣能把緊張的談判氣氛轉變過來，巧妙地形成有利於自己的局面。

(2)適時下結論。在談判進行中適時下結論有助於你儘快結束談判，避免節外生枝，使談判碰到不必要的麻煩。但這往往有一定的冒險性。在對方沒有完全瞭解你的產品或是條件之前，需要謹慎使用，過早下結論往往可能導致談判的破裂。

(3)善於提出引導性問題。在談判中提出引導性的問題是至關重要和有效的，往往在你提出問題以後會得到意外的答案，有利於你更瞭解對方。

☑學會讓步

商務談判中，向對方讓步是常常出現的。對方都想把對方拉向自己所期望的目標，但是實際上雙方又必須向對方多少做出讓步，談判就這樣逐步進行著。在最終簽字蓋章前，都得為讓步而周旋。讓步其實也有一定的技巧，好的讓步能讓對方感到你的誠意，讓對方感到你的為難，領你的情，從而為使對方做出更大的讓步布下埋伏。

讓步的方式五花八門，是一點點謹慎地讓步，還是下決心讓到底後便堅持不放？有效的讓步方式是很值得經商人員研究的。常見的讓步可分為三個階段：

(1)最初的讓步。在談判階段給予對方最初的讓步，不僅能讓對方產生興趣，有所期望，還有相互調節，增加氣氛，緩和矛盾的功效。但是讓步也是有目的性的，不能一遇對方提出不利你的意見時，就讓步以滿足對方。應該注意的是讓步不能太頻繁，讓步的幅度也不應過大。同時要清楚自己讓步的次數和幅度，不能讓對方判斷出自己將作幾次和多大的讓步。

(2)平均讓步。這種讓步應將讓步比例分成若干份，有分寸地讓步，一點一點拋出。這樣不僅能鼓動對方，還能起到迷惑對方的作用。儘量不要讓對方瞭解你的底線，要讓對方覺得每一次你都是無可奈何的，讓對方感到來之不易。對方才會以自己的讓步來作為回報。由多到少的讓步也能有效地讓對方認為，你的讓步是有限的，再做讓步希望不大。這種讓步方式也是常用的。

(3)原則性讓步。所謂原則性讓步就是在做出讓步時仍堅持自己的原則。在重大問題上讓步要小心謹慎，認真分析當時的情況，不該讓步時一定不讓，態度執著，據理力爭；在細小的問題上可先作讓步，顯示自己的善意，給對方造成主動熱情，能體貼對方的感覺。

不管你在談判中使用什麼樣的方式，談判的最終目的是在對方有誠意的基礎上做成生意，皆大歡喜。在談判結束時可以說一些諸如對方多麼精明，多麼厲害，寸步不讓等等，為下一次的生意打下基礎。

商務談判中讓步可以表現出出色談判者的高明之處。如何隱藏自己的弱點，擊中對方的要害，是每一位談判者在談判前所要認真考慮分析的。讓步只能作為一種計謀，運用不當不僅達不到自己的目的，還會使自己失去談判的籌碼。

☑怎樣對待嫉妒

世界上的事真奇妙，當你平庸無為，名不見經傳時，很少有人看你幾眼；一旦當你嶄露頭角，小有名聲後，卻馬上處於眾目睽睽之下，至於那目光的成份可就複雜了，羨慕、挑剔、懷疑……其中最多的，最令人坐立不安的成分恐怕要數嫉妒了。歌德說：「在人類一切情慾中，嫉妒之情恐怕要算作最頑強、最持久的了……，嫉妒心是不知道休息的。」

的確，有人的地方就少不了嫉妒。嫉妒存在的廣泛性遠遠超過了我們熟知的範圍。嫉妒的對象也因人而異：男人嫉妒他人的智力優勢；女人嫉妒別人的美貌絕倫；官場上嫉妒他人的青雲直上；市場中嫉妒他人生財有道。該如何戰勝嫉妒這個惡魔？這首先需要瞭解它。

嫉妒從其本質上說，一般是見到他人強於自己而產生的一種心理失衡。在這種失衡面前，嫉妒者通常有三種表現。第一種是弱者的常態心理。第二種是愚者的常態心理。第三種是真正強者的常態心理。為了努力避開嫉妒的暗箭，我們可以採取以下幾點策略：

(1)弱化嫉妒。一個天生麗質或才能出眾的人，本來就令人羨慕，若鋒芒畢露、咄咄逼人，嫉妒的人就增加了，更容易使自己成為注目的對象。因此，不如對自己來些調侃、揶揄，或自我嘲諷，並在一些不重要的場合故意給別人一些溢美之辭，以此削弱對方的嫉妒心。

(2)融化嫉妒。對嫉妒的人，不必針鋒相對，因為他嫉妒你，你就比他強。所以，你完全可以寬容大度，與之友好相處，並給予他儘可能的關心和幫助，在一定程度上可以化解一部分嫉妒心理。

(3)淡化嫉妒。對於嫉妒心過盛者，無論你如何寬容友好，恐怕也無濟於事。在這種情況下，最好的辦法是不加理睬，「無言是最大的蔑視」，如果站出來辯解，對這種人只會起火上加油的作用。所以，對無法消除的嫉妒，不加理睬，讓嫉妒者自己去承受。

嫉妒的產生也是有它的規律性的，掌握嫉妒的特點和規律，能更好地預防、利用和化解嫉妒。

☑融洽與顧客的感情

日本的商店，堅持把融洽和顧客的感情，作為一項關鍵的推銷之道。

抓住機會與顧客攀談聊天，是融洽雙方感情的方法之一。尤其是在住宅區附近的百貨店、菜店、餐廳等，老闆都要求店員千方百計要注意利用交貨付款之間的空閒，主動與顧客攀談、聯繫感情。

有家菜店的主人是位中年婦女，為人熱情和氣。附近居住的留學生常到這家菜店買菜，女主人對他們非常熱情，常跟他們談論蔬菜、氣候，在日本感覺如何，等等。過年時，還送給留學生禮物以示祝賀。所以，留學生格外偏愛去這個店買菜。

向買完商品的顧客贈送小禮品，有利於融洽雙方感情。

客人在餐廳吃飯，飯店總是喜歡向每個客人贈送一份小禮品。這使客人感覺愉快。顧客到商店買貨，許多商店不僅樂意免費為客人送貨到家，而且還會向顧客贈送牙刷、餐巾紙等，並鞠躬致禮：「謝謝您的惠顧。」顧客到銀行、郵局存款、辦事，也常能拿到鋼珠筆、面紙等小玩意兒。這些小禮品雖不值錢，但卻一下子縮短與顧客的感情距離。

商業公司的服務對象，是廣大顧客。商業公司的「衣食父母」，是廣大顧客。商業公司接觸最多的對象，也是廣大顧客。因此、商業公司在社會交際方面，就應當主動自覺地把廣大顧客作為主要的交際對象，設法融洽與他們的感情，甚至爭取同一些顧客結為親密的朋友，這樣，就能使許多人成為堅定不移的顧客，進而有利於公司的發展。甚至有的顧客還可能出於對公司的好感而關注它，為它出策劃策，大力促進公司的發展。

五、重視口才的培養

在現代公關中，人與人彼此之間合作的機會日益增加，特別在商務工作中，個人的口才顯得特別重要。一個會說話的人，能夠流利地用語言表達出自己的意圖，能把道理講得清楚明白，而且層次分明，使你的客戶和合作夥伴都願意接受。

有時候，還能夠從問答中判定對方的意圖，從對方的談話中得到啟發，瞭解對方。當然，你也常看到不會說話的人，他們說話無法完全表達自己的意圖，使對方聽起來費神，常常不能使人信服地接受，這就導致商務交際中的困難。

遇到生意上需要和客戶溝通或有生意需要與別人合作的時候，口才好的人常常更勝一籌。尤其是在談判桌上，口才已成為決定一個人商務能力及事業成敗的關鍵。口才好、說話流利動聽、而且做起事來比較俐落，有經濟頭腦的人，他在生意上成功的希望就大。由於在與客戶的接觸中，你能透過言語談吐十分充分地表達你的要求，讓你的客戶滿意地接受，並且信任你，同時在無意識中能增加不少的收穫。

在生意場中，尤其是談到商品的具體問題時，你不僅應具有普通的談話能力，還要適應對方，儘量瞭解對方的意圖。你要有興趣，態度要真誠。這類談話，是有具體目的，千萬不能流露出可憐的樣子，讓對方輕視你。

你可以謙遜，可是絕不能諂媚，不能唯唯諾諾，使人認為你無一動人之處。當你被對方試探時，簡單作答是有必要的。發表意見時，不可肆意批評別人，不妨說得婉轉一些，讓別人樂於接受。

在情緒上要穩定，要有信心及愉快的心情，要誠心誠意，互相要尊重禮貌，語氣要溫和，儘可能避免不必要的摩擦。

在談話當中，失言也是常有的事。此時，儘可能地穩定情緒，你應馬上承認自己犯了錯誤，不要使問題惡化。例如可說「對不起，我失言了」，「唉！我剛才說錯了。」敢說「我錯了」，就會贏得別人的敬重，這種無心的錯誤容易讓人諒解。

事實上，口才絕不是大部分的人認為的那樣，只是耍嘴皮子，死纏爛打。它是一個人的綜合能力的表現，它融合了一個人的觀察能力、準確深刻的認知能力、思維能力、分析能力、判斷和推理能力等等。一名商業人員的成功是同自己良好的口才息息相關的。

☑美國飯店的公關術

近年來，美國由於經濟不景氣，許多飯店的住房率很低，因此，業者各出奇招，展開公關，希望吸引更多的遊客住宿。其主要的公關術有：

(1)用動物當「公關」。擔當「公關」的動物包括鴨子、貓和狗等。佛羅里達州的奧蘭多飯店，有五隻盛裝打扮的野鴨，每天一早，隨著號角聲出巡，穿過飯店大廳，跳進噴水池中表演，黃昏時歸隊；在每個房間的浴室裡，也有一隻黃色的橡皮鴨伴客洗澡。

明尼蘇達州的安德遜之家飯店，遊客住宿後，可以臨時收養店內的一隻貓，並提供貓食、便溺盒和一張指導如何照顧好貓的說明書，以吸引愛貓的遊客，使住宿時願意收養一隻貓的遊客達到住宿人數的七成。

華盛頓的四季飯店，特設立了為狗服務的專案，住宿的遊客不僅可暫時收養一隻狗，而且可帶自己的愛犬住宿，飯店提供狗食、狗礦泉水、狗睡袍、狗玩具、狗餐具等，狗餐具是用銀製成，碰上愛犬生日，飯店會送上生日牛肉餅或烤雞胸，飯店員工甚至還為其高唱生日歌，對愛犬的遊客很有吸引力。

(2)熱心為隨行子女服務。在遊客中，不少父母攜帶稚齡子女一同旅遊，但往往因照顧他們，而佔用了自己的活動時間。為此，普魯墨斯公司屬下的艾巴斯飯店，則在住客隨行子女上花心思。他們特設了家庭式套房和兒童俱樂部，使家長外出活動時，可安心地將子女留在飯店內。

飯店的兒童俱樂部可提供二十四小時的康樂活動，有特別設計的遊樂室，並有專業人員照顧兒童在裡面玩耍絕對不會沉悶，而且十分安全。家庭式套房也經過精心設計，適合父母與攜帶的子女同住，所有用電插頭還都加上封蓋保護，防止兒童觸電。所以，很受有隨行子女遊客的歡迎。

(3)簡化住房手續。傳統的飯店慣例是，遊客抵達時，必須在大廳的接待櫃檯辦理住宿手續，然後由侍者領進房間。為簡化住房手續，在美國的馬里奧特集團飯店，在對預訂房間的遊客，在訂房時就收集必要的資料，例如：信用卡號碼，希望住房的房間及估計抵達的時間等，當遊客一抵達，無需辦理填寫登記表格等住宿手續，馬上可獲得房間鑰匙，並由侍者引領進房間休息，省去了不少麻煩。只有對未預約住宿的遊客，才要在大廳辦理手續。

六、外表公關：注意分寸和場合

非語言溝通所要把握好的協力廠商面是外表公關。一個人的外表公關如何常常向人顯示他是誰，他的自我感覺如何。這主要包括儀態、服裝、髮型及臉部化妝。

第一印象往往能持久。你能被人記住常常是因為良好的第一印象，儀態是外在表現中十分重要的因素。

你在行走中是昂首闊步、充滿自信呢，還是怯怯生生、縮頭縮腦？你在站立時抬頭挺胸呢，還是彎腰駝背？服裝怪異、頭髮凌亂、長期不剪指甲、妝化的太濃、領帶汗跡斑斑、襯衣一角外露等等，一切不修邊幅或刻意標新立異的行為都會毫不隱瞞把你的形象暴露無遺。

如果你是從事後勤工作，衣上有污點或指甲污垢，這在工作中是情有可原的。但到了其他場合則不然，服裝隨便草率是一個人個性的表現。而人們很容易從服裝草率推論出一個能力也草率的結論。

人們通常不僅是意識到一個人的外表形象，而更多的是評價。在人們的頭腦中很容易形成一種觀念，即什麼是可以接受的，而什麼又不是。並且人們經常自覺或不自覺地把人們歸於判斷體系中。

因此，注意到自己總是要求別人應該是怎麼樣，對於你形成有關別人的公正評價是極有意義的。因為人們不能因自己的單方面喜好來決定人們對事對人的態度。所以，這裡又涉及到不同的文化標準。

當看到那些商學院的學生衣著隨便的進入教室時，有些教師心裡就會想，這些人能成為我們明天的主管人員嗎？一個自己一貫不重視衣著形象的人是無法勝任作為主管的職位的。

對於肢體語言，在表達意思時有一些最基本的規則。但必須注意，無意的肢體語言在很多時候是會透露訊息的。下面列出一些肢體語言的基本意義：

◆說話時捂上嘴（說話沒把握或撒謊）。

◆抖腳（厭煩）。

◆把鉛筆等物放到嘴裡（需要更多的訊息，焦慮）。

◆沒有眼神的溝通（試圖隱瞞什麼）。

◆腳置於朝著門的方向（準備離開）。

◆擦鼻子（反對別人所說的話）。

◆揉眼睛或捏耳朵（疑惑）。
◆觸摸耳朵（準備打斷別人）。
◆觸摸喉部（需要加以重申）。
◆緊握雙手（焦慮）。
◆握緊拳頭（意志堅決、憤怒）。
◆手指頭指著別人（譴責、懲戒）。
◆坐在椅子的邊側（隨時準備行動）。
◆坐在椅子上往向移（以示認同）。
◆雙臂交叉置於胸前（不樂意）。
◆襯衣紐扣鬆開，手臂和小腿均不交叉（開放）。
◆小腿在椅子上晃動（不在乎）。
◆背著身坐在椅子上（支配性）。
◆背著雙手（優越感）。
◆腳踝交叉（收回）。
◆搓手（有所期待）。

◆手指叩擊皮帶或褲子（一切在握）。
◆無意識的清嗓子（擔心、憂慮）。
◆有意識的清嗓子（輕責、訓誡）。
◆雙手緊合指向天花板（充滿信心和驕傲）。
◆一隻手在上，另一隻手在下置於大腿前部（十分自信）。
◆坐時翹二郎腿（舒適、無所慮）。
◆一個人有太多如下的體態語時可被認為是在撒謊：眨眼過於頻繁、說話時掩嘴、用舌頭潤濕嘴唇、清嗓子、不停地做吞嚥動作、冒虛汗和頻繁地聳肩。

當然，上述的肢體語言會受文化因素的影響。有人曾詳細分析了美國黑人的非語言溝通方式。他們主要針對美國黑人的日常行為。他們認為，年輕黑人尤其是男性透過採取一種無所謂的站姿來表現出權威的反抗。

一些研究者觀察到，文化不同使用手勢的方式及其所具有含義都有一系列差異簡單的致意有許多種不同的手勢來表現。在各國文化中，某種手勢所具有的含義也是不同的。在美國，當某人示意一個朋友過來時，通常是做出這樣的一個手勢，即將一個手的手指或緊或疏合併攏在一起，朝上，同時做順時針方向運動。該手勢所比擬好像是將其友拉近的動作。

這裡有一個有趣的例子。在阿拉伯國家，將鞋底指向阿拉伯人（如有些老闆常常將腳放到桌上的動作）或者交叉著雙腿坐著不會被認為是上司權威性和自信心的表現，而會被看做是一種極不尊重對方的行為。

有一位教詩歌的英國教授曾到埃及開羅的一所大學講課。在講解一首詩時這位教授得意忘形地往後仰坐在椅子上，以致露出了自己的足底，並且足底正好對著全體學生，於是招致滿座皆驚。因為在阿拉伯社會，做出這樣的姿勢是一種最帶侮辱性的動作。

第二天，開羅的報紙紛紛以大幅標題報導了學生對此提出的抗議。他們譴責了英國所謂的「禮儀」，並要求把那位教授趕回老家。所以，在你的工作中，應當明確這種文化差異給體態行為的解釋會帶來任何你意想不到的後果。

總之，公關其實質是一種交流，作為公關經理人，培養自己良好的公關素質是必須的。

第四節 全方位打造現代經理人的公關技巧

一、注意公關技巧中的公平原則

二十世紀二〇年代，阿爾弗雷德·史隆就任通用汽車公司總裁，臨危受命重整公司的業務與組織結構。因為當時的通用汽車公司是由一些獨立的汽車廠商合併而成，這些廠商因為單獨與福特競爭缺乏力量，故而它們走上了合併之路。

該公司雖然從資產上講是合併了，但原先的各個公司依然各自為政，從整體上來看卻是混亂的。史隆就任後，從各個分支機構與總公司發展策略的協調著手，解決了總部與分公司之間的權力分配問題，為通用汽車公司建立了一個「聯邦分權制」的組織架構，也就是今天人們常說的事業部體制，從而使通用汽車公司成為一個名副其實的大型公司，並能與福特公司相抗衡。

在管理這家大型公司的過程中，史隆領導著數萬名員工、近千名公司幹部，從中他體會到公平待人的重要性。他說：「最高經營者的義務就是必須保持客觀，而且要公平。必須保持絕對的寬容，不能夠對工作的方法有所挑剔。不能以自己的喜好厭惡判斷部屬。對人的唯一基準，就是業績與人品。」

在領導工作中，公司規模的不同，其領導的風格與方式、領導者所面對與下屬的關係問題也將不同。小型公司中領導者與員工們天天見面，朝夕相處，而大型公司的員工可能一年也見不到高層主管一面。

在後一種情況下，公司高級主管實際上是在領導著大多數他所不認識、不能親自接觸的人。如果他對自己認識的與不認識的人內外有別地加以對待，就會造成混亂，人們將會想盡辦法去接近他、奉承與巴結他，以期製造良好印象，爭得特殊待遇。對此，史隆表示：「如果最高領導者與公司內的個人保持了私交，就無法維持不偏不倚的態度了，至少外面的人會這麼看，這種影響是相當深刻的。最高主管必須是孤獨的，必須與部屬保持距離，必須擺一點架子。」這表明隨著公司的擴大，領導者在公司內部的交際面將不能覆蓋所有的下屬與員工，直接交往將更多地被間接的、正式的交往所取代。

在這種交往中，領導者必須公平待人，不能讓那些可能與自己從未謀面的員工們受到委屈。公平與否是在領導者對於不同人的成績比較以及由此而給予的報酬中表現出來的。

公平原則要求領導者對員工或部屬的同等投人、同等成績提供同等的報酬。如果員工認為別人的投入與報酬的比例與自己的投入與報酬的比例相同，他就會認為領導者是一個公平的領導者，否則便認為領導者有所偏袒。

因此史隆才會說：「對人的唯一基準，就是業績與人品。」要成為公平的領導者，必須根據下屬的業績與人品來評價公司的每一個人，決定提供多大報酬與什麼獎懲。

員工們都是彼此不同的人，這些不同之處，正是他們個人特徵與優勢之所在。但對公司來說，為公司的營運與發展創造業績的才能、奉獻精神及取得的實效則是他們的共同點。應充分認識到他們彼此之間的這些差異：

◆思考問題的方式不同。
◆決策方式不同。
◆處理情感問題的方式不同。
◆對待壓力的態度不同。

◆談話交際的方式不同。

◆對待互相衝突意見的角度不同。

◆工作速度不同；

◆利用時間的方式不同。

這些方面的不同，再加上每一個人在經歷、知識、個性、人生方向、社會關係等更多方面的個人特徵，就會使得領導者在評估員工們的業績與人品時面對更加複雜的局面，使保持公平、協調工作關係更加困難。

如果不考慮到這方面的人際差異所可能導致的人與人之間的排斥與衝突，缺乏公平精神，就無異是對衝突火上加油。在這種情況下，決策與計劃的實施、目標的實現，恐怕就是可望而不可及了。

成功的經理人都知道，對同一個問題，不同的人會有不同的審視角度，從而形成不同的看法。公平待人意味著公平看人，這種公平是從經理人的理想與策略的角度出發的，由此才能看出屬下在工作中能夠投人及所願投入的才華與努力，看到不同的人其投入的內容儘管不同，但卻都對公司成長有不可替代的意義。

作為領導者，經理人相對於員工具有精神意識上的超前性，他先行一步地產生了事業理想，從中勾畫出一個所需人才的配置結構，合理安排配置具有不同特長的人，分清權責，相互配合，以實現自己的經理人事業理想。

公平待人也意味著公平用人，唯其如此，經理人才能建立起一個高效率的工作團隊，並充分發揮與調動每一個人的才能。經理人手中雖有許多棋子，但如果拿這一個攻那一個，其代價就是因內耗而喪失了公司的競爭力和戰鬥力。

公平原則應與公關準則結合起來，領導者與被領導者交往中的公關準則要求：如果你希望人們以對待成功者的態度對待你，你也應該以對待成功者的態度去對待人。這將使每一個人都能取得符合自己個性與特長的成功。

真正的經理人必然是公平待人的，在涉及領導者與被領導者的相互關係時，真正的經理人必然會認識到自己事業的成功與每一個部屬員工的成功同等重要，這就使公平原則與公關準則結合起來。更為重要的是，真正的經理人能認識到，公司未來的更大成功，在於更好地發掘公司員工的潛能。每一個經理人都應該知道，每一個人都有許多有待發掘的潛能，人人都極其重要，一位優秀的經理人就應當使每一個人的潛能激發出來。公司成長真正的潛力，就在這種不斷開發的每一員工的內在潛能中，這種潛能真正充分發揮之日，就是經理人事業成功並取得更大成功之時。

經理人與員工交往中的公關準則與公平原則的結合，就是一種公平的公關準則，它意味著經理人認識到自己事業成功的潛能是員工潛能的總和，而以一種把員工看成潛在成功者的態度去看待員工，就實現了真正的公平待人，就能與員工真正形成同感。要達到這種狀態，用松下幸之助的話來說，就是經理人應對員工有「膜拜之心」。

松下幸之助認為：「『這件工作我做不來，我不具備這種知識，也不具備這種技術，而各部屬具備了知識，也具備了技術，所以要靠大家的努力，才能完成這種工作。』經營者必須在內心擁有這種態度，同時應從心底裡對部屬所從事的工作，表示深切的感謝與慰勞。

經營者在心底必須對員工存有『膜拜之心』。如果不存在膜拜之心，而只是一味強調『我是廠長，我很了不起，所以你們要聽從我的命令。』這樣多半是無法帶動為數眾多的員工。」

所謂心存感激與讚美之情。經理人的領導魅力不僅僅在於吸引員工，經理人還必須能被員工所吸引。離開員工，經理人就什麼都不是。員工與部屬所具有的人力資源是公司的真正財富，因此，一個有魅力的經理人應做到在員工展示其才華的同時，不失時機地顯示出他慧眼識人的能力，表達對員工的由衷讚美，並對他們所做出的貢獻表示感謝。

客觀而熱情地承認員工有過人之處，能給員工帶來高度的心理及精神滿足，這對加深經理人與員工的關係，激發員工的工作熱情同樣具有重要的意義。即使是看到一個員工專心地操作機器，也應體會到這種專心的精神本身就是公司的財富。對於員工的讚賞也是經理人對公司信心的表現。

一個優秀的公司必然是由優秀的人構成的，而與優秀的人合作，正是經理人事業成功的保證。如果經理人想擁有一個優秀的、有無比競爭力的、有發展前途的公司，就不能對員工吝惜讚美之詞，就不能不對員工懷有膜拜之心。

藝術家羅丹曾經說過：「在世界上，美是無處不在的，所缺的是一雙能看到美的眼睛。」讚賞與感激他人意味著一種人際審美精神。充滿熱情地欣賞他人、發現他人的價值，不只給對方帶來心理與精神上的滿足，而且，你的獨具慧眼本身也是你的領導才華與品質的一次最好的自我表露。

曾任匹茲堡鋼鐵公司總經理的查理斯・夏布說過：「我天生具有引發人們熱情的能力。促使人們將自身能力發揮到極限的最好方式就是讚賞和鼓勵，而來自上司的批評最容易使一個人喪失志氣。我從不批評他人，我相信獎勵是使人工作的原動力。所以我喜歡讚美而討厭吹毛求疵。如果我喜歡什麼，那就是：真誠、慷慨地讚美他人。」

讚美與感激是我們對整個生活與世界的一種真正積極態度的表現，一個能由衷地讚美他人的人，必然是一個能體會到世界美好的人，是一個對自己前途充滿信心的人，是一個能認識價值、發現價值、創造價值的人。

優秀經理人的優秀之處，在於創新；而創新的根本就是在別人看不到價值的地方看到價值並使之展現於世。因此，發現價值就是對自己與他人的肯定，對經理人來說，發現部屬及員工的價值，並對他們存有膜拜之心，並沒有埋沒自己。

二、注意表示尊重

尊重，是指使對方透過與你的交往而體認到自身的重要性。哲學家約翰・杜威指出：「人類本質中最深遠的驅策力就是：希望具有重要性。」透過人際交往，每一個人都可以從對方的態度中，瞭解到自己在對方心目中佔有什麼樣的地位。心理學家認為，人除了溫飽安全等物質需要外，還有尋求歸屬、尊重與成功的精神追求，這些精神需要基本上是透過人與人的交往得到滿足的。

經理人在與部屬、員工以及外在的利益相關者交往中，自然應給他們帶來物質回報，但為了融洽或加深彼此的關係也不能不注意滿足他們精神的、心理的需要，這樣才能充分發揮自己所具有的影響力，提高自己運用權力的效率。在此應注意以下三點：

☑注重授權

美國玫琳凱化妝品公司的創辦人瑪麗凱指出：「讓人承擔一定的責任，他會感到自己的重要性。但是，光讓人承擔責任，而不授予相應的權力，也會傷害他的自尊心。」

一個成功的公司必定是不斷成長的，領導工作將隨著公司的成長而變得複雜。公司在規模上的擴展，意味著經理人將把更多的責任委託給別人去執行，由他們去領導更多的人來展開工作。管理學主張組織設置權責對等的原則，但在實踐中，卻常有一些責任委託出去但權力卻不肯真正授予的現實問題。

隨著公司的成長，規模的擴大，員工的數目也越來越多，受人的知覺範圍與管理幅度的限制，經理人作為上層領導自然要把自己的管轄面縮小，而把更多的領導與管理工作委託出去，交給部屬去做。唯其如此，經理人才能把自己的有限精力集中在公司的發展與策略的構思等大問題上。

經理人是否真正做到對自己的部屬既委以重任又授予相應的權力，不僅是對他人事能力的考驗，而且也是他究竟把自己的精力用於哪些大事的一個反映。一個不能做到用人不疑、疑人不用的經理人，是因為他的事業或人格缺乏吸引力，找不到適合的人來幫助自己；還是因為他缺乏識人的眼光與寬大的胸懷。長期以往，他將無法進一步開拓自己的事業境界，也不可能把自己的注意力從戰術水準轉移到策略高度上來。

缺乏充分授權將會導致嚴重後果。哈佛學者彼德·維爾根據他對美國工商界的觀察指出：「授權經常是一種空洞的許諾，不僅不能鼓舞人，相反在產生幻滅與反抗。」這是因為，如果下屬承擔的責任大於授予他們的權力，他們就將更多地承擔失敗的責任而較少獲得成功的報酬，其委屈之情將溢於言表，上下級關係勢必緊張。

彼德·維爾指出，要做到真正的充分授權，必須要「使員工感到上司真心期望他們為完成任務而發揮主動性，即便超越他們正常的職權範圍也無須顧忌，而且要是出了差錯，他們也不會因採取主動而受到懲罰。如是，這個公司中才存在授權。」

從公司發展的歷史中我們可以看到，公司組織的權力結構經歷了業主直接控制到由合夥人共同參與決策，再到現代公司的所有權與經營權的分離，表現出一個隨著公司發展與規模擴張而產生的逐步授權的過程。

在這一過程中，產權所有人逐漸退出了經營過程。從當代組織領導的實踐及理論上講，注重團隊建設，主張組織結構扁平化，根據公司流程再造公司的關係網路已經蔚然成風。

對公司內部層級之間的委託——代理關係進行重建，改變傳統的金字塔型的權力結構，是事關能否形成一個有效的激勵機制以提高組織工作效率的重大問題。這要求經理人能重新認識權力的意義，理解權力只是調動公司資源的方式。

就公司作為替代市場進行資源配置的機制而言，授權意味著使下級主管乃至基層員工都能參與到有效配置公司資源的工作中來，提高公司應對變幻莫測的市場反應能力和產業競爭力。

☑注重傾聽

有一句外國諺語表達了人們應更多地注重傾聽：「上帝給我們兩隻耳朵，卻只給了一張嘴巴，其用意是要我們少說多聽。」傾聽既是我們取得關於他人第一手訊息、正確認識他人的重要途徑，也是我們向他人表示尊重的最好方式。傾聽使我們成為一個反應者，一個置自己於第二位的人。美國前哈佛大學校長查理•艾烈特說過：「生意上的往來，並無所謂的祕訣，……最重要的是，要專注眼前與你談話的人，這是對那人最大的尊重。」

在公司組織中，員工經常有一種失落感，感到自己的存在被領導者忽略了，現實的地位差別尤其使基層員工感到自己可有可無，由此產生的不良情緒，拉大了他們與領導者尤其是上層領導者的心理距離。

雅芳化妝品公司最高主管沃爾德決定每星期隨意邀請五～七名員工到他的辦公室喝咖啡，以改變公司的文化風格，縮小高層領導者與基層員工的心理距離。他吃驚地發現「他們進來的時候都嚇得要死。他們問的問題都一樣，每次總是問，有什麼事情？後來，才慢慢口耳相傳地說我不是一個很凶的主管，真的只是喝咖啡，聊一聊工作而已」。

為了保證公司組織行為的效率，訊息的溝通要靠一個組織網路進行逐級溝通，跨層級的交流很少發生，但這會帶來一些負面效應。作為領導者，經理人不能把所有的訊息交流工作全都交給這一網路去完成，經理人必須成為體察民情、深知民心的領導者，為此就更應注重傾聽員工的心聲。

談到關於如何進行傾聽，首先要明晰「傾聽」與單純的「聽」是不同的，後者僅僅是一種對聲音的感知，而傾聽則是一個積極主動的行為，它意味著傾聽者要參與到對方的表達之中，一方面要透過自己的態度表明理解對方的意願，另一方面還應就這種理解表示與對方的共鳴。

理解人不僅是理解他的話字面含義，而且還要透過對方的話語讀懂他的內心世界，因此：

(1)必須對自己敏感，能主動地回憶自己過去的經歷，那時是怎麼表現自己的特殊感情的。這樣，才能理解對方表達的內容中所包含的情感意義。

(2)必須對對方提供的各種訊息保持充分的興趣與敏感性，但要把自己的反應與對方的反應分開，不急於給對方的話下判斷或做推論，要保持一種洞察力，從中理解對方表露的真實自我。

做到了以上兩點，就向對方表明了自己是一個真誠專注的傾聽者。當然，在整個傾聽過程中，還需要掌握一些行為技巧，這些技巧包括語言與非語言的神態。

(3)保持一種開放、專注的神態，開放的神態表明接受對方。即使對方的話語聽起來有點老生常談，你即使做不到聽得津津有味，也要保持專注。

(4)在神態上還要避免保持過大距離或昂頭俯視，靠近對方、身體前傾是鼓舞人的良好方式，表明你在洗耳恭聽。

(5)注意提問，說明自己哪些地方沒聽清或沒理解，要求對方最好能重複或深入解釋一下，這也表明你正在認真地傾聽。

⑹讓談話按照對方的意願展開。作為有名的對話大師，古希臘的哲學家蘇格拉底認為自己是一個助產士，是幫助別人形成自己正確看法的人。透過傾聽我們可以幫助對方形成與完善他的想法，因此，不應去打斷對方的表達或人為地轉移話題。即使想表達自己的某種看法，也應當是藉用對方的話作一些引申，如「就像你剛才說的……」、「正如你所指出的那樣」等。這一方面表明你重視並記住了他的話；另一方面，也使對方感到你是在作一種補充說明，說明你不僅在聽，而且在思考。

透過成為一個傾聽者，經理人可以表明自己有良好的涵養，進而可以樹立良好的自我表現形象。美國詩人惠特曼的一則故事頗能說明問題：

有一次，惠特曼和一位朋友在街上散步，遇到一個人，他便停下來和那個人說了約十五到二十分鐘的話。其間惠特曼壟斷了整個交談，對方只是在聽，甚至連口都未開。那個人走後，惠特曼對他的朋友說：「這是一位有教養的人。」

他的朋友吃驚地問：「何以見得？他連口都沒開過。」

惠特曼則說：「他仔細地聽我說話，這就說明了他的教養。」

☑表示共鳴

見過羅斯福的人，都認為他是一個非常博學多才、知識淵博的人。而羅斯福做到這點的方式很簡單，就是在與人接觸的前一個晚上，花一點時間研究一下客人的興趣愛好，於是一見面，共同話題就源源不斷，談話自然讓雙方興趣盎然。

卡內基評價說：「羅斯福和其他領導者一樣，都知道通向別人內心的坦然大道，便是談論他們感興趣的事。」生活中每一個人都有自己的興趣與愛好，因此，如果經理人在與人交往時，能克服自我中心，避免固執己見，尊重別人的興趣愛好，將使他具有較高的人際魅力。

至於人們為什麼會有不同的偏好、興趣，其原因很難說清，不過，人們不同的生活經歷在其中占了很大的成分。林語堂說過，如果人一生下來就帶著一個四十歲的頭腦，人們在興趣愛好上的差別就會小得多。因此，對人的理解絕不能僅憑感性認識，準確地認識與理解他人，還要瞭解他的過去及其興趣與愛好。

實際上，人們的行為動機經常發自其內在的偏好。對於那些成功的經理人來講，如果他們沒有從工作中找到樂趣，如癡如醉地沉迷於工作之中，他們就不可能開創自己的事業。因此，瞭解別人的興趣愛好，並表示出一種共鳴，將不僅是對對方的尊重，而且也是對對方的有效激勵。每一個人所具有的興趣愛好賦予他看待問題的獨到眼光，一個人對感興趣的事情著迷，正是他獨到眼光的運用。

在經理人與員工、下屬以及外部利益相關者的交往中，查明對方的興趣所在並以此作為溝通的一個話題，用不著太多的客套與寒暄就能立刻找到共同話題，其交際過程肯定令人愉快。興趣上的共鳴，還可以使每一方都能從自己的親身經歷中認識與欣賞對方；共同的興趣愛好也使交際雙方能找到更多的共同活動的機會。要想在交際中與人建立更為有效的關係，很值得花費一點時間來拓寬自己的興趣範圍，以保持交際中的興趣共鳴。

三、管理者的「聽力」

好的口才常常被認為管理者必備的素質，其實，有效傾聽的效果要遠遠超出滔滔不絕地說。研究顯示，人類對溝通時間的分配是：九%的時間用於書寫，十六%用於閱讀，三十%用於說話，四十五%用於聽。充分利用「傾聽」這四十五%的溝通時間，將使管理者的工作效率大大提高。你也許很可能不知道，作為領導者，你的影響力大小與你的「聽力」的好壞密切相關。

在商務談判乃至日常工作中，我們每天都會漏掉被我們視為無關緊要但卻是至關重要的細節，我們常常在提問前就假設自己已經知道了答案。溝通是人最重要的一項技能，不睡覺的時候我們幾乎時刻都在溝通。根據美國加州大學的一份調查，幾乎每個被調查的人，花在「聽」的時間都占了最大比例。

可見，聽這項技能非常重要。這也是有經驗的銷售主管鼓勵手下儘量讓客戶暢所欲言的原因，因為透過傾聽，銷售員將得到比預期多得多的有用訊息。

斯拉奇是洛杉磯The Snowball Company LLC的前行銷總監，曾代表他的公司參加了一次拉斯維加斯地區飯店的競標活動。斯拉奇承認自己直到那時才發現傾聽的重要性。他說：「我們的第一次發言非常糟糕，我們以前沒和飯店打過交道，根本搞不清他們想要什麼。」

第一輪發言過後，斯拉奇將銷售代表們重新分組，討論飯店老闆說過的話。直到此時他們才開始明白這個行業的需求。「第二輪發言時我們已經開始對客戶的需求有所瞭解，結果這一次比較成功。」斯拉奇帶領手下又分析了第二次發言時客戶說過的話，結果和客戶第三次見面的效果比第二次還要好。其實飯店在第一次會談中的需求和隨後兩次沒什麼不同，透過傾聽客戶的意見，產生的效果卻完全不同。我們為什麼沒有傾聽？

專家指出，人類談話的方式不外乎以下四種：小型談話，用來幫助建立聯繫；發洩型談話，說話的人不斷抱怨或提醒對方某件事對自己非常重要；還有就是訊息型以及勸誘型談話。人們往往將注意力放在後兩種，也就是訊息型和勸誘型談話上，但真正的溝通高手卻對這四種談話一視同仁。

除了重視程度不夠之外，人的傾聽效果不佳還有物理方面的原因。研究證明，人每分鐘可以說約一百五十個詞彙，但卻可以聽約五百個詞彙，因此很可能在傾聽的過程中失去重點，出現思想遺漏的情況。

偏見也是傾聽不力的一個原因。年齡、性別、相貌等都可以成為溝通障礙。如果說話的人語調遲緩，聽者遺漏的可能性就會增加好幾倍。調查顯示，高個子、相貌英俊的人往往比矮個子、相貌不佳的人更容易吸引聽眾的注意。人們也許會因為說話的人是位年輕漂亮的女士而更注意她的話，哪怕她的話意義不大。

儘管有多種原因導致人們「聽力」不佳，但最根本的原因還在於我們忽視了傾聽的重要性。聰明的醫生在開處方之前一定會先作診斷，好的工程師在設計大橋之前對壓力和支撐力一定了然於心，高明的推銷員在推銷產品之前會先弄清楚客戶的需要。

同樣，有效的溝通要在被理解之前首先理解對方。但不少人不是帶著理解對方的目的去聽，而是帶著準備回答的目的去聽，聽的效果怎樣就可想而知了。

這就解釋了為什麼我們常常以為自己在聽，但卻得不到正確訊息的原因。銷售人員常常非常熱情，自認為深諳成功之道，銷售代表很樂於大談特談自己的產品或服務，而且一談起來就沒完沒了。

專門從事溝通培訓的公司Louw's Management曾應邀對一家手機公司進行培訓。培訓公司總裁安東尼・羅夫發現，該手機客戶服務中心的業務員在接聽投訴或訪問客戶時過分機械化，完全按照公司列出的框架提問題。他們對客戶的問題通常是：請問你每個月大概打多少次電話？是否準備將來還使用這個牌子的手機？等等，但卻沒有問客戶需要什麼。客戶服務中心的業務員對此的解釋是：消費者對手機技術並不瞭解，因此不知道自己需要什麼。

深感不解的羅夫將這個發現告訴了手機公司的銷售主管，沒想到這個主管回答說「消費者不明白自己的需要，所以我們不會在這種問題上多花時間。」羅夫回憶說：「客服人員沒有傾聽的一個原因是，管理這個部門的人不會傾聽。」

「聽」和「傾聽」之間有很大差別。聽是消極被動的，因為和嘴巴不同，人的耳朵幾乎隨時都處於工作狀態，這一點開過會的人一定都深有體會。傾聽則完全不同。參與「聽」這個動作的是耳朵，參與「傾聽」這個動作的則是耳朵、眼睛和心靈。傾聽是積極的，必須集中注意力。

上學時我們學習寫作、演講和閱讀，但卻唯獨沒有學習傾聽。很多人沒有意識到傾聽也是一門技巧，透過訓練，傾聽的能力也可以得到改進。

做筆記。做筆記是訓練聽力的一個不錯的方式。記錄有助於保持注意力。在做筆記之前要得到發言人的許可。記下發言的重點，在談話結束時進行總結，確保自己聽懂了發言內容。有插話習慣的人也可以將自己想說的話寫下來，避免自己說得太多。提交談話記錄。要想抓住重點，還可以用提交發言記錄的辦法，迫使自己努力去聽。有的經理常常要求下屬做會議筆記，會議結束時統一上交。試驗表明，做筆記的會議效果比不做記錄要好得多。

注意肢體語言也是有效傾聽的輔助工具。當你面對另一個人時，儘管自己沒有說話，但透過肢體語言，也傳達出很多訊息。如果你撥弄頭髮、環顧四周或手指在桌子上敲打的話，說話的人接收到的訊息就是你沒有在傾聽。積極的肢體語言包括：身體前傾，微笑，保證目光接觸等等。增強「聽力」的關鍵是僅僅自己聽還不夠，還應該讓對方知道你在聽。高效傾聽還要求善於利用談話間隙。如果對方一個話題結束，出現暫時的沉默時，最好能適當插上幾句，以免出現冷場的尷尬局面。

此外還有一些辦法，比如在家裡收聽新聞，然後重複重點；在辦公室每天花五分鐘聽同事的談話，記錄下來。在不同環境中進行聯繫，傾聽的能力將會迅速增強。

下列壞習慣你有多少？

- ◆說的比聽的多。
- ◆喜歡插話。
- ◆在交談時幾乎一言不發——對方無法判斷你是否在聽。
- ◆發現感興趣的問題時就問個不休，結果導致對方離題。
- ◆你的談話基本上以自己為核心。
- ◆別人說話時你經常分心。
- ◆對方在說話時你在設計自己的反應。
- ◆你很樂於提出自己的建議，甚至在別人沒要求時也如此。
- ◆你的問題太多，不斷打斷對方的思路。
- ◆客戶轉向別人，你也不問問原因所在。
- ◆在對方還沒說完時你已經下了結論。

四、領導魅力的自我修養

經理人的活動實際上有三個領域：第一，他所承擔創造繁榮、推動經濟發展的社會領域；第二，他為承擔這一責任而進行競爭的市場領域；第三，他為了構成強大的競爭力而必須依賴的由下屬與員工組成的公司組織的交往領域。經理人為承擔社會責任、參與市場競爭，就必須敢於冒險、善於冒險，風險的存在正意味著機遇的存在。一個人無論有多少財力、學識、才華以及領導藝術、領導能力，但如果不具備堅強的意志是不可能煉出真金的。人面對困難時，能否敢於與困難相抗衡就全靠堅韌的意志力了。真正的經理人必須具備這種堅韌意志，敢於作決定，善於作決定。堅定的決策心理就在於一種樂觀的冒險精神。

這種心理狀態，是一個經理人所能貢獻給社會及公司的最大價值所在。而一旦他向公司員工表露出他難以承受這種壓力，他的領導使命也即宣告終結，另一個能承受這種精神壓力的人將脫穎而出，取而代之。曾有人說過，經理人「在他每一次變更重要策略時，就等於賭上了自己公司的將來」。此話並非危言聳聽，前美國商業銀行總裁隆伯格就曾指出：「不論從哪一方面看，最高負責人都是孤寂的。這種孤寂的存在不是因為他遠離人群而造成，而是因為當面臨最高策略的決斷時，他無法依賴任何其他人。」

有意識地暴露自己的弱點——人總是擔心把自己的弱點暴露給別人，這樣一方面害怕別人不喜歡自己或者看不起自己，另一方面是提防別人利用自己的弱點而使自己成為玩物。害人之心不可有，防人之心不可無，有這種顧慮實屬人之常情。但是，由此有人也常忽略了另一個常理：「人無完人」，無論一個人如何裝扮自己，如何掩蓋自己的弱點，都不可能以一個完美的品牌出現，也不可能使別人根本發現不了自己的弱點和缺點。

因此，一個人在談論自己的時候，急於表現自己的長處，或忙於掩藏自己的短處，皆不是明智的做法。而在有的情況下，首先主動地介紹自己的短處，反而能夠使別人更瞭解自己，也更能在其他方面襯托出自己的長處，使別人相信你的自我介紹。

當然，談論自己的弱點或缺點，也不是顯示自己「無可救藥」，也不是表明自己的頑固，而是要表達出對自己的嚴格要求：一方面是誠懇地對待別人，另一方面表現嚴於律己的人生態度，能夠從過失中吸取教訓，不斷改進和完善自己。一句話，在議論自己的弱點和缺點過程中，本身就顯示出自己的優點和長處。

在談到自己缺點或弱點之時，一定要注意其積極的方面。這積極的方面通常表現如下：一方面來自缺點或弱點本身，因為人是複雜的，很多性格上的東西能從多方面去看，有時可能是缺點，但從另一方面看則可能是優點或潛在的優點。例如「我自己做事有時太認真，總是想做得十全十美，不料常常令別人感到我這個人太理想化」，雖然提的是自己的弱點，但潛在地表現了自己對工作嚴肅認真的態度。另一方面，積極方面來自於自己對自己弱點的認識和反思，說明自己經過實踐變得更加成熟了，在今後工作中不會重蹈覆轍，能夠克服這些缺點和弱點。比如，你可以談論自己因太心急，做事太熱情而造成的某個失誤，使別人感到你對自己的認識十分客觀真實。

總而言之，談論自己的缺點或弱點，並不是自曝其短，在商務交際中，彼此都很聰明，有意識地「暴露」一下自己的弱點並得到對方的理解和接納，倒是一種聰明的做法，這比「打腫臉充胖子」效果要強。

一些基本的魅力元素避免誘發防衛心理，員工向公司領導表達自己的想法，講述他自己的一些事情，意味著他在向領導進行自我表露。這種自我表露的深淺程度是和員工與主管的關係、主管對員工的態度直接相關的。在人們進行自我表露時，由於是在把自身的內心作一種暴露，且不知對方將如何看自己，故而有一種擔驚心的風險感。

這時，來自對方的不恰當態度及評論將會引起他的防衛心理。使他中止自我表露，溝通就此終止。在這種情況下，他人對我們將成為一個神祕的未知數，一個永遠也解不出的「」。

心理學家傑克・吉布透過對團體行為的研究，揭示出六種會引起他人防範反應的常見行為：

(1)消極評價。評價就是對別人做出判斷。在我們評價他人時，我們或責備或表揚別人。消極的評價就是對人進行責備與批評，暗示對方的行為或思想與你存在差異。過度的消極評價會使對方與你辯論、爭執一番，雙方各自負氣的，以往的關係也就完了。戴爾・卡內基曾指出：「假如你想引起一場令人難忘的恩怨，只要發表一點刻薄的批評即可。」

(2)意圖控制。指限制他人的選擇或者藉做出選擇來影響他人的行為。領導對下屬的咄咄逼人、威脅恐嚇，只會喚起下屬拒絕的反應，這就如同父母對孩子過於嚴厲的管束，只會培養出有叛逆心理的後代。

(3)過度自尊。在與具有較高地位、權力或經濟收入較高、知識水準較高的人交往時，人的自尊心會感到一種壓力，這種壓力很可能讓自己把自尊的門檻到很高，以防止自己被壓垮。過度自尊本身在於避免暴露自己的自卑，但卻會使一個人容易沉默矜持，目中無人。

(4)自以為是。與過度自尊相反，自以為是者無論何時何地都不會放過與別人辯論的機會，他之所以還能夠聽你說些什麼，只是為辯論尋找話題。這種人根本無法與人建立良好的人際關係。

(5)機謀深藏。指把他人作為一種意圖控制的物件，而自己卻不暴露任何意圖。這種人透過隱藏自己的動機，或者為了瞭解別人的祕密，或者為了掌握別人的動機，從而為誘導和操縱對方提供機會。這種行事方式經常在事後導致嚴重衝突。

(6)冷漠中立。超然地面對對方，不置可否地聽取他人的表露，缺乏感情的投入，常常讓對方感到失落。如果經理人身上經常發生這種行為，他就無法瞭解或理解別人。更無法與人心有靈犀一點通，公關將無從談起。

▶ 公關經理—菁英培訓版 （讀品讀者回函卡）

■ 謝謝您購買這本書，請詳細填寫本卡各欄後寄回，我們每月將抽選一百名回函讀者寄出精美禮物，並享有生日當月購書優惠！
想知道更多更即時的消息，請搜尋"永續圖書粉絲團"

■ 您也可以使用傳真或是掃描圖檔寄回公司信箱，謝謝。
傳真電話：（02）8647-3660　　信箱：yungjiuh@ms45.hinet.net

◆ 姓名：＿＿＿＿＿＿＿＿　□男　□女　　□單身　□已婚

◆ 生日：＿＿＿＿＿＿＿＿　□非會員　　□已是會員

◆ E-mail：＿＿＿＿＿＿＿＿　電話：(　)＿＿＿＿

◆ 地址：＿＿＿＿＿＿＿＿＿＿＿＿＿＿＿＿

◆ 學歷：□高中以下　□專科或大學　□研究所以上　□其他＿＿＿＿

◆ 職業：□學生　□資訊　□製造　□行銷　□服務　□金融
□傳播　□公教　□軍警　□自由　□家管　□其他＿＿＿＿

◆ 閱讀嗜好：□兩性　□心理　□勵志　□傳記　□文學　□健康
□財經　□企管　□行銷　□休閒　□小說　□其他

◆ 您平均一年購書：□ 5本以下　□ 6～10本　□ 11～20本
□21～30本以下　□ 30本以上

◆ 購買此書的金額：＿＿＿＿＿＿

◆ 購自：□連鎖書店　□一般書局　□量販店　□超商　□書展
□郵購　　□網路訂購　□其他

◆ 您購買此書的原因：□書名　□作者　□內容　□封面
□版面設計　□其他

◆ 建議改進：□內容　□封面　□版面設計　□其他＿＿＿＿

您的建議：

剪下後傳真、掃描或寄回至「22103新北市汐止區大同路三段194號9樓之1讀品文化收」

廣 告 回 信
基隆郵局登記證
基隆廣字第 55 號

2 2 1-0 3

新北市汐止區大同路三段 194 號 9 樓之 1

讀品文化事業有限公司 收

電話/(02)8647-3663　　傳真/(02)8647-3660

劃撥帳號/18669219　　永續圖書有限公司

請沿此虛線對折免貼郵票或以傳真、掃描方式寄回本公司，謝謝！

讀好書品嚐人生的美味

公關經理—菁英培訓版